软件方法（上）

业务建模和需求（第2版）

潘加宇 著

清华大学出版社
北　京

本书封面贴有清华大学出版社防伪标签，无标签者不得销售。
版权所有，侵权必究。举报：010-62782989，beiqinquan@tup.tsinghua.edu.cn。

图书在版编目(CIP)数据

软件方法.上，业务建模和需求 / 潘加宇 著. — 2版. — 北京：清华大学出版社，2018(2021.7重印)
ISBN 978-7-302-49782-0

Ⅰ.①软… Ⅱ.①潘… Ⅲ.①软件设计方法学 Ⅳ.①TP311.5

中国版本图书馆 CIP 数据核字(2018)第 037254 号

责任编辑：陈　莉　高　屾
封面设计：周晓亮
版式设计：方加青
责任校对：曹　阳
责任印制：丛怀宇

出版发行：清华大学出版社
　　　　网　　址：http://www.tup.com.cn，http://www.wqbook.com
　　　　地　　址：北京清华大学学研大厦A座　　邮　　编：100084
　　　　社 总 机：010-62770175　　　　　　　　邮　　购：010-62786544
　　　　投稿与读者服务：010-62776969，c-service@tup.tsinghua.edu.cn
　　　　质 量 反 馈：010-62772015，zhiliang@tup.tsinghua.edu.cn
印 装 者：三河市国英印务有限公司
经　　销：全国新华书店
开　　本：170mm×240mm　　　印　张：18.5　　　字　数：285千字
版　　次：2013年9月第1版　　2018年3月第2版　　印　次：2021年7月第3次印刷
定　　价：68.00元

————————————————————————————————————

产品编号：076417-02

一个人的软件方法

在学校待了很久,学的正是现在大热的模式识别、机器学习,用现在流行的术语就是人工智能、大数据。筋疲力尽地毕业之后,确定自己不是搞研究的料,也不想做"本行",于是想改个行,把十多年的兴趣"兵棋推演"当事业做。当年的兵棋玩友做了一个微型公司,给军队做软硬件技术服务,我投奔他开发兵棋推演系统。

在学校期间,我用C++写工业机器人操作控制语言(一种领域特定语言)的语法解析器;用MATLAB和R写图像目标归类、语音分类算法;用Python写集成了指纹、图像、录音的身份特征数据采集工具;还部署算法到MPI集群,移植算法到GPU……自认为自己水平够高了,什么样的复杂算法我没有见过,我和它们谈笑风生……

有了这些底气,再加上自以为对"兵棋推演"的业务场景非常熟悉,觉得应该很容易就写出来。但事与愿违,干了一段时间,突然发现事情并不简单,根本出不来成型的系统。我泄了气,打算捏着鼻子回到正在大热的本行,但公司极力挽留,让我不胜惶恐。

这时,我通过潘老师的文章第一次了解到他的建模思想。文章里说的"唱曲的名家,唱到极快之处,吐字依然干净利落"正是我想达到的目标,于是我购买了《软件方法》,此时是2016年4月。

正好当时公司正在给军校做一个小系统,由于双方对需求工作流的技能没有认识,对软件的责任边界也很模糊,导致已经反复折腾了两年时间。看完《软件方法》(上)之后,我开始有意识地运用书里的技能。

做需求启发时,我发现确实如书中所说:涉众往往会做而不会定义;把不同类型的涉众放在一起访谈时,只会剩下在场军衔最高那个人的意见……

此外,通过刻意关注涉众利益,出现了神奇的效果。和甲方的沟通效率和变更质量明显提升,改一个中一个,即使隔一段时间演示的时候涉众已经忘记了自己之前的想法,只要从当初记录下的涉众利益角度稍微一提,涉众就会立刻想起来,而且很容易认账,"对对对"成了口头语,对软件的功能越来越满意。

有了这个小系统从原地打转到圆满解决的牛刀小试,2016年底,一个真正的兵棋推演系统项目来了。我从寻找老大、揣摩愿景、业务建模、系统用例,到需求规约、分析模型、设计开发,学的基本都用上了。整个2017年上半年,就是在这样边学边干的紧张状态里度过的。想着这次要是再砸了就真没退路了。好在最终扛下来了,对甲方,对公司,对自己,都算是有了个交代。

由于项目涉密,具体项目细节略去不再谈。现在回顾一下,最大的挑战是,在"敌人炮火最猛烈的时候",我始终记着《软件方法》里潘老师对核心域的描述,"只有一个领域(核心域)的知识是系统能在市场上生存的理由"。即使别人认识不到,我也必须强迫自己不断思考,找准核心域,然后像狗看骨头一样,死死地守住它的边界。

从核心域透镜的角度看问题,对军事领域很多听起来唬人的噱头有了自己的独立看法。谁应该说"信火一体"(信息与火力),谁应该说"察打分离"(侦察与打击),一个合成营要指挥下面15个不同兵种的连,责任分配合理吗？

在离开校园两年后，我也算终于在北京这个已经感觉陌生的城市站住脚了，而此时离学习软件方法，才仅仅过去一年。

许庆晗

工学博士，兵棋开发者

2017年10月

> 我心更明白,你的爱将与我同在。
> 《掌声响起》;词:陈桂芬,曲:陈进兴,唱:凤飞飞;1974

致 谢

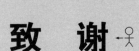

列出一份名单确实很为难。我只能说:只要我们之前打过交道,即使您的名字不在名单上,我也是一直记得您的。向以下各位表示深深的感谢。

2002年至今,选择了UMLChina需求和设计技能服务的所有机构和个人:😊😊😊😊😊😊😊😊😊😊😊😊😊😊😊😊😊😊😊。到2017年10月,系统中记载的人数是34 704人,其中来自京东的有1377人,在所有机构中位居第一,其他机构恕不一一列举。

选择本书第一版的高校老师(按姓氏):毕文杰、曹顺良、陈志雨、侯宗浩、刘钢、赵毓芳、邹盛荣、车战斌、贾晓辉、李勇军、刘东良。

所有为本书纠错的读者(按纠错时间先后):Cliff Peng、Tiger Gm、绿豆稀饭、Casper张、吴俊峰、Bright Zhang、商雪飞、李云、杨建媛、李勇、Leo Huang、张攀、张艳梅、gs0987、Timothy Yeh、深蓝二号、毛灵、陈小青、钟正权、吴刚、许珊、半导体、穆明明、王涛、赵卫、孙晓晔、黄明哲、辛恩平、杜宁军、徐波、徐天保、张云贵、Lyla、汤晓冬、魏光裕、贾顶忠、叶青、涂文军、石碧川、李秀涛、黄保光、周进刚、吴佰钊、秦嘉斐、钱辰宇、刘京城、郁跃、张志坚、林炳炎、杨杰、李小平、齐世昌、刘琦、李洪洲、郭建国、杨金翠、冼浦楠、黄树成、熊德荣、许庆晗、成文华、熊飞、张立杰、杨明、贾晓辉、许鑫、厉景宇、沈志坚、龙志超、邹盛荣。

1999—2000年间，最早为UMLChina做贡献的（按时间先后）：欧阳巨星、Adams Wang、陈英、kflee、bug、mirnshi、Windy J、Frank Gu、张恂、wenjl、杨健、宋怡、苏康胜、wsb、lhf、wbj、马成长、鸿雁南飞、张利锋、sealw、davidqql。

2000—2004年间，在UMLChina讨论组担任过组长的（按时间先后）：abug、mouri、vcc_cn、sealw。

2001—2005年间，为《非程序员》提供稿件最多的（按稿件数量多少）：透明、杨德仁、刘庆、甄镭、Huang Yin、金哲凡、李巍、Windy J、刘巍、michael、王念滨。

1999—2004年间，带给我许多启发的新浪IT业界论坛坛友（排名不分先后）：书生意气、it99、狂马、青梅、ie98、徐远明、徐远光、徐运光、胡不悦、悠悠散步、网络机器人、Microhelper、纸马、notthreenotfour、宽带应用专家、胡不乐。

合作过的出版社同仁（按姓氏）：陈冀康、符隆美、傅志红、胡顺增、江立、李万红、李艳波、李阳、刘金喜、刘立卿、刘映欣、麻众志、隋曦、汤斌浩、王定、温莉芳、谢晓芳、熊妍妍、姚蕾、尤晓东、张春雨。

UMLChina翻译书籍译者（按合作时间先后）：汪颖、方春旭、叶向群、熊节、李巍、李嘉兴、章柏幸、王海鹏。

合作过的CSDN和《程序员》杂志同仁（按姓氏）：才子英、常政、丁莹、董世晓、杜倩、付江、高松、霍泰稳、贾菡、刘洪洁、刘龙静、孟岩、孟迎霞、欧阳璟、吴志民、熊节、闫辉、郑柯、邹震。

不拘一格把我带进中科院研究生院兼职教了很多年课的：潘辛苹博士。

　　我的太太Sicilia。我们好不容易才在一起，没想到婚后却经常吵架，幸好，近年少多了。

潘加宇

2017年10月

每当变幻时，便知时光去。

《每当变幻时》；词：卢国沾，曲：古贺政男，唱：薰妮；1985

前　言

　　2013年写的第一版前言，现在看来依然可以用，所以除了修改一些随年份变化的数字之外，我把第一版前言附在后面，本次版本的前言就尽量写得简短一些。

　　在主要思想不变的前提下，我结合最近几年的进展，几乎把整本书重新写了一遍，从文字到图形基本上都换了。每一章的内容更细致，道理讲得更严谨，例子和练习也更丰富。总之，希望能给读者带来一本更有用的书。本书出版之后，将继续投入未写完的《软件方法（下）：分析和设计》。

　　一十八年过去，弹指一挥间。我已经在这一个狭窄的领域泡了十八年了，也许累计的时间已经超过了一些前辈。希望还能再研究十八年，和大家分享更多有价值的东西。

潘加宇

2017年10月

> 光阴匆匆似流水,它一去不再回。
>
> 《浪子归》;词:黄小茂,曲:崔健,唱:崔健;1985

前言(2013版)

1999年还是一名程序员时,我创建了UMLChina,从那时开始关注软件工程各方面的进展。2001年12月,阿里巴巴的吴泳铭来email询问是否有UML方面的训练,我开始准备训练材料。2002年3月,我去杭州给阿里巴巴做了这个训练。虽然与后来我给阿里集团各公司做的许多次训练相比,这第一次讲课从内容到形式都算是糟透了,但是我现在还记得当时的心情——迈出自己事业第一步的心情。

截至2013年7月,我已经上门为超过190家软件组织提供需求和设计技能的训练和咨询服务(2017年注:2017年10月的数字为超过260家)。训练结束后,学员们常会问:"潘老师,上完课后我们应该看什么书?"我总是回答:"先不用看杂七杂八的书,还是要复习我们留下的资料,那些幻灯片、练习题、模型就已经是最好的书了,按照改进指南先用一点点在具体项目上,带着出现的具体困惑和我讨论。"虽然一再这样强调,有的学员还是情不自禁地拿着一本《***UML***》之类的书来问我问题,不管书上说得对不对。看来写在正式出版物上的效果就是不一样。

其实现在出书也不难,UMLChina一直在和出版社合作推介国外优秀的软件工程书籍，目前UMLChina的标记已经出现在三十多本软件工程书籍上。不过我一直没有自己写一本书，主要原因还是觉得积累不够，思考的深度也不够，对软件开发的认识还在不断变化。如果没有自己成形的东西，不能站在别人的肩膀上看得更远，只是摘抄别人的观点，这样的书有什么意义呢？

另外一个原因是，UMLChina后来采取了"隐形、关门"的策略，秉持"内外有别"的原则。我关闭了已经有4万多人的Smiling电子小组（也是为了降低某些风险），网站不再有公开的社区，在网站上也找不到"客户名单"，所有更细致的服务以非公开的方式对会员提供。在这种情况下，出一本书也不是那么迫切。

现在距离第一次提供服务已经超过10年（2017年注：已经超过15年了），也有了一些积累，所以硬着头皮也要开始写书了。在这些年的服务过程中，和开发团队谈到改进时，我发现一个有趣的现象：很多开发团队（不是每个团队）或多或少都会有人（不是每个人）或明或暗地表达出这样的观点——自己团队的难处与众不同，奇特的困难降临在他们身上，偏偏别人得以幸免。

尽管UMLChina一直强调自己的服务是"聚焦最后一公里"，坚信每一个开发团队都会在细节上和其他团队有所不同，而且也应该有所不同，但很多时候，我还是感觉到，开发团队高估了自己的"个性"，低估了"共性"。本书就是归纳这样一些"共性"，作为我的一家之言，供大家参考。感谢曾经选择我的服务的伙伴们。他们一次次地给我机会来实践、发展和锤炼技艺，才有了这本书。

本书中所讲述的技能集合也是我本人身体力行的。例如，您可能已经注意到，为本书写推荐序的正是本书的"老大"，他不是什么大师专家名人，而是一名经历了入职、升职和创业，不断成长的软件开发人员。

一些书籍作者喜欢在书中每一章的开头放上和该章内容相关的一幅画或一句名人名言，我也效仿一下，不过没那么"高雅"——每章的开头放上和该章内容相关的一句歌词。

　　书中的模型图，如果是我为了讲解知识而画的，用的建模工具是Enterprise Architect 9（2017年注：改为Enterprise Architect 13）；如果是截取真实模型的图片，可能会涉及各种工具。我不像Robert C. Martin那样，女儿已经长大到可以帮画插图，所以书中的手绘插图，我都自己用Wacom笔来画，可能丑了一些，请见谅。

潘加宇
2013年10月

联系方式	号码	二维码
QQ号和QQ邮箱	1493943028 1493943028@qq.com	
微信	umlchinapan	
QQ群	647242431	
公众号	UMLChina	
微博	UMLChina潘加宇	

欢迎您对本书的任何反馈，联系方法如上。

张生带上仆人阿梁，挑着圣贤书两大箱。

《张生记》；词：高晓松，曲：高晓松，唱：曹颖；2006

推荐阅读

在为软件组织提供服务时，我一直采取拿来主义的做法，不拘泥于流派或风格，着力于细节和应用。如果硬要说出本书的几个主要思想来源，我认为应该是Ivar Jacobson、Alistair Cockburn、Peter Coad和高焕堂。

下面是我推荐大家阅读的需求和设计书籍和资料。这些书籍和资料我都读过，否则就没有资格在此处推荐了。您可能会发现，一些有名的著作如Brooks的*The Mythical Man-Month*、GoF的*Design Patterns*等不在其中，不是因为我没有读过——事实上，需求和设计书籍只要有中文译本或者能有渠道找到英文电子版的，绝大多数我都阅读过。只是我认为，对于需求和设计技能的提升，阅读以下推荐的资料帮助更大。

另外要说的是，要用发展的眼光看问题，不能搞"原教旨主义"。某种思想或方法起源于某人，不意味着某人最初对该思想或方法的认识永远是最正确的，也不意味着某人在以后的岁月中针对该思想或方法发表的各种观点都是正确的。Ivar Jacobson的*Object-Oriented Software Engineering*出版于1992年，Peter Coad的*Java Modeling In Color With UML*出版于1999年，Alistair Cockburn的*Writing Effective Use Cases*出版于2001年。不否认这些书中思想的光芒，但毕竟世界在进步，在实践的大浪淘沙之下，有些细节值得商议。小教派式的"教主崇拜"，由一些编辑捧出来的圈子文化以及廉价"大牛""大仙""大神"式的称呼，不值得提倡。鉴于此，本书不会称呼先行者们为"大师""大牛""大仙""大神"，我想他们的贡献不会因此埋没。

书名	ISBN	出版年	作者	中译本
Software Reuse: Architecture, Process and Organization for Business Success	978-0201924763	1997	Ivar Jacobson M. Griss P. Jonsson	软件复用：结构、过程和组织
Use Cases: Requirements in Context: 2nd Edition	978-0321154989	2003	Daryl Kulak	用例：通过背景环境获取需求
Writing Effective Use Cases	978-0201702255	2000	Alistair Cockburn	编写有效用例
Exploring Requirements: Quality Before Design	978-0932633132	1989	Donald C. Gause Gerald M. Weinberg	探索需求——设计前的质量
Mastering the Requirements Process: Getting Requirements Right (3rd Edition)	978-0321815743	2012	Suzanne Robertson James Robertson	掌握需求过程(第3版)
Positioning: The Battle for Your Mind	978-0071373586	2000	Al Ries Jack Trout	定位
Serious Creativity: Using the Power of Lateral Thinking to Create New Ideas	978-0887306358	1993	Edward De Bono	严肃的创造力
How to Win Friends and Influence People	978-0671027032	1936	Dale Carnegie	人性的弱点
历史深处的忧虑	978-7108010186	1997	林达	/
为什么是市场	978-7508601045	2004	秋风	/
Case Studies in Object-Oriented Analysis and Design	978-0133051377	1996	Edward Yourdon Carl A. Argila	实用面向对象软件工程教程

（续表）

书名	ISBN	出版年	作者	中译本
Object Models: Strategies, Patterns, and Applications (2nd Edition)	978-0138401177	1996	Peter Coad David North Mark Mayfield	对象模型：策略、模式与应用（第2版）
Java Modeling In Color With UML: Enterprise Components and Process	978-0130115102	1999	Peter Coad Jeff de Luca Eric Lefebvre	彩色UML建模
Analysis Patterns: Reusable Object Models	978-0201895421	1997	Martin Fowler	分析模式：可复用的对象模型
Object-Oriented Software Construction (2nd Edition)	978-0136291558	1997	Bertrand Meyer	/
The Data Model Resource Book, Vol. 1: A Library of Universal Data Models for All Enterprises	978-0471380238	2001	Len Silverston	数据模型资源手册（卷1）
The Data Model Resource Book, Vol. 2: A Library of Data Models for Specific Industries	978-0471353485	2001	Len Silverston	数据模型资源手册（卷2）
The Data Model Resource Book, Vol. 3: Universal Patterns for Data Modeling (Volume 3)	978-0470178454	2008	Len Silverston Paul Agnew	数据模型资源手册（卷3）——数据模型通用模式
Model Driven Architecture with Executable UML	978-0521537711	2004	Chris Raistrick Paul Francis John Wright Colin Carter Ian Wilkie	MDA与可执行UML
Holub on Patterns: Learning Design Patterns by Looking at Code	978-1850158479	2004	Allen Holub	设计模式初学者指南
Data Model Patterns	978-0932633743	2011	David C. Hay	/
Domain-Driven Design: Tackling Complexity in the Heart of Software	978-0321125217	2003	Eric Evans	领域驱动设计

（续表）

书名	ISBN	出版年	作者	中译本
Pattern-Oriented Software Architecture Volume 1: A System of Patterns	978-0471958697	1996	Frank Buschmann Regine Meunier	面向模式的软件架构，卷1：模式系统
Pattern-Oriented Software Architecture Volume 2: Patterns for Concurrent and Networked Objects	978-0471606956	2000	Douglas Schmidt Michael Stal	面向模式的软件架构，卷2：并发和联网对象模式
Pattern-Oriented Software Architecture Volume 3: Patterns for Resource Management	978-0470845257	2004	Michael Kircher Prashant Jain	面向模式的软件架构，卷3：资源管理模式
Pattern-Oriented Software Architecture Volume 4: A Pattern Language for Distributed Computing	978-0470059029	2007	Frank Buschmann Kevin Henney	面向模式的软件架构，卷4：分布式计算的模式语言
Pattern Oriented Software Architecture Volume 5: On Patterns and Pattern Languages	978-0471486480	2007	Frank Buschmann Kevin Henney	面向模式的软件架构，卷5：模式与模式语言
Pattern Languages of Program Design	978-0201607345	1995	James O. Coplien Douglas Schmidt	程序设计的模式语言，卷1
Pattern Languages of Program Design 2	978-0201895278	1996	John Vlissides James O. Coplien	程序设计的模式语言，卷2
Pattern Languages of Program Design 3	978-0201310115	1997	Robert C. Martin Dirk Riehle	程序设计的模式语言，卷3
Pattern Languages of Program Design 4	978-0201433043	1999	Brian Foote Neil Harrison	程序设计的模式语言，卷4
Pattern Languages of Program Design 5	978-0321321947	2006	Dragos Manolescu Markus Voelter	程序设计模式语言，卷5
OMG Unified Modeling Language Version 2.5		2015	OMG	/

（续表）

书名	ISBN	出版年	作者	中译本
UML Distilled: A Brief Guide to the Standard Object Modeling Language (3rd Edition)	978-0321193681	2003	Martin Fowler	UML精粹（第3版）
Practical UML Statecharts in C/C++: Event-Driven Programming for Embedded Systems	978-0750687065	2008	Miro Samek	/
Objects, Components, and Frameworks with UML: The Catalysis	978-0201310122	1998	Desmond Francis D'Souza Alan Cameron Wills	UML对象、组件和框架——Catalysis方法
Working With Objects: The Ooram Software Engineering Method	978-0134529301	1998	Wold Reenskaug Trygve Reenskaug O. A. Lehne	/

目 录

第1章 建模和UML ······1
- 1.1 粗放经营的时代已经远去 ······1
- 1.2 利润＝需求－设计 ······2
- 1.3 建模工作流 ······4
- 1.4 UML简史 ······11
- 1.5 UML应用于建模工作流 ······14
- 1.6 基本共识上的沟通 ······16
- 1.7 建模和敏捷（Agile） ······19
- 1.8 什么样的系统不需要建模 ······21
  - 1.8.1 市场没有小系统 ······21
  - 1.8.2 你的系统不特别 ······23
- 1.9 案例介绍 ······24
- 1.10 模型的组织 ······25
- 1.11 工具操作 ······28

第2章 业务建模之愿景 ······33
- 2.1 什么是愿景（Vision） ······33
- 2.2 【步骤】定位目标组织和老大 ······35
  - 2.2.1 目标组织和老大的含义 ······35
  - 2.2.2 定位情况1：定位目标人群和老大 ······37
  - 2.2.3 定位情况2：定位机构范围和老大 ······42

        2.2.4 定位情况3：定位目标机构···46
        2.2.5 其他一些要点···47
    2.3 【步骤】提炼改进目标··53
        2.3.1 改进目标不是系统功能需求··53
        2.3.2 改进目标不是系统的质量需求···56
        2.3.3 改进是系统带来的···57
        2.3.4 改进目标应来自老大的视角··58
        2.3.5 多个目标之间的权衡··59
    2.4 【案例和工具操作】愿景···61

第3章 业务建模之业务用例图···65
    3.1 软件是组织的零件··65
    3.2 【步骤】识别业务执行者···68
        3.2.1 业务执行者（Business Actor）··68
        3.2.2 业务工人和业务实体··68
        3.2.3 识别业务执行者···71
    3.3 【步骤】识别业务用例··75
        3.3.1 正确理解价值···77
        3.3.2 识别业务用例的思路和常犯错误···80
    3.4 【案例和工具操作】业务用例图··88

第4章 业务建模之业务序列图···95
    4.1 描述业务流程的手段···95
        4.1.1 文本···95
        4.1.2 活动图···96
        4.1.3 序列图···97
        4.1.4 序列图和活动图比较··98
    4.2 业务序列图要点··101
        4.2.1 消息代表责任分配而不是数据流动·····································101
        4.2.2 抽象级别是系统之间的协作···102
        4.2.3 只画核心域相关的系统··106

		4.2.4 把时间看作特殊的业务实体·············· 107
		4.2.5 为业务对象分配合适的责任·············· 107
4.3	【步骤】现状业务序列图······················ 109
		4.3.1 错误：把想象中的改进当成现状·············· 110
		4.3.2 错误：把"现状"误解为"纯手工"·············· 110
		4.3.3 错误：把"现状"误解为"本开发团队未参与之前"·············· 111
		4.3.4 错误：把"现状"误解为"规范"·············· 112
		4.3.5 错误："我是创新，没有现状"·············· 112
		4.3.6 错误："我做产品，没有现状"·············· 112
4.4	【案例和工具操作】现状业务序列图·············· 115
4.5	【步骤】改进业务序列图······················ 124
		4.5.1 改进模式一：物流变成信息流·············· 125
		4.5.2 改进模式二：改善信息流转·············· 126
		4.5.3 改进模式三：封装领域逻辑·············· 129
		4.5.4 阿布思考法·············· 131
4.6	【案例和工具操作】改进业务序列图·············· 137

第5章　需求之系统用例图·············· 145

5.1	系统执行者要点·············· 145
	5.1.1 系统是能独立对外提供服务的整体·············· 146
	5.1.2 系统边界是责任的边界·············· 147
	5.1.3 系统执行者和系统有交互·············· 149
	5.1.4 交互是功能性交互·············· 151
	5.1.5 系统执行者可以是人或非人系统·············· 152
5.2	【步骤】识别系统执行者·············· 154
5.3	系统用例要点·············· 158
	5.3.1 价值是买卖的平衡点·············· 158
	5.3.2 价值不等于"可以这样做"·············· 160
	5.3.3 增删改查用例的根源是从设计映射需求·············· 163
	5.3.4 从设计映射需求错误二："复用"用例·············· 165
	5.3.5 系统用例不存在层次问题·············· 170

   5.3.6 用例的命名是动宾结构 …………………………………… 173
  5.4 【步骤】识别系统用例 …………………………………………… 178
  5.5 【案例和工具操作】系统用例图 ………………………………… 181

第6章 需求之系统用例规约 …………………………………… 187

  6.1 用例规约的内容 …………………………………………………… 187
   6.1.1 前置条件和后置条件 ……………………………………… 188
   6.1.2 涉众利益 …………………………………………………… 193
   6.1.3 基本路径 …………………………………………………… 200
   6.1.4 扩展路径 …………………………………………………… 211
   6.1.5 补充约束 …………………………………………………… 217
  6.2 【案例和工具操作】系统用例规约 ……………………………… 227

第7章 需求启发 ……………………………………………………… 245

  7.1 需求启发要点 ……………………………………………………… 245
  7.2 需求启发手段 ……………………………………………………… 249
   7.2.1 研究资料 …………………………………………………… 249
   7.2.2 问卷调查 …………………………………………………… 250
   7.2.3 访谈 ………………………………………………………… 251
   7.2.4 观察 ………………………………………………………… 253
   7.2.5 研究竞争对手 ……………………………………………… 254
  7.3 需求人员的素质培养 ……………………………………………… 255
   7.3.1 好奇心 ……………………………………………………… 256
   7.3.2 探索力 ……………………………………………………… 257
   7.3.3 沟通力 ……………………………………………………… 257
   7.3.4 表达力 ……………………………………………………… 258
   7.3.5 热情 ………………………………………………………… 258

书评 ……………………………………………………………………… 263

> 牵着你走进傍晚的风里，看见万家灯火下面平凡的秘密。
>
> 《情歌唱晚》；词：黄群，曲：黄群，唱：曹崴；1994

第1章　建模和UML

1.1 粗放经营的时代已经远去

改革开放初期，中国出现了许多农民企业家，他们不用讲管理，也不用讲方法，只要胆子大一点，就能获得成功，因为当时的市场几乎空白，竞争非常少。农民企业家的思路很简单：人人都要吃饭，所以开饭馆能够赚钱。现在这样的思路已经行不通了。市场竞争已经足够激烈，十家新开张的饭馆恐怕只有一家能撑下来，所以农民企业家已经很少见（连农民都越来越少了）。软件业也一样，最开始的时候，会编程就了不得，思路也很简单：每个公司都要做财务，所以开发财务软件能赚钱。现在呢？我们想到一个"点子"，可能有上千人同时想到了；我们要做一个系统，可能发现市场上已经有许多类似的系统。你卖高价，他就卖低价，你卖低价，他就干脆免费。机会驱动、粗放经营的时代已经远去，为了在激烈的竞争中获得优势，软件开发组织需要从细节上提升技能。

本书聚焦于两方面的技能：需求和设计。关于需求和设计，开发人员可能每天都在做，但是否理解背后的道理呢？我们来做一些题目：

本书不提供练习题答案,请扫码或访问http://www.umlchina.com/book/quiz1_1.htm完成在线测试,做到全对,自然就知道答案了。

1. 软件开发中需求工作的目的是_____。
   A）让系统更加好卖　　　　　　B）更好地指导设计
   C）对系统做概要的描述　　　　D）满足软件工程需求规范

2. 软件开发中设计工作的目的是_____。
   A）对系统做详细的描述　　　　B）更好地指导编码
   C）降低开发维护成本　　　　　D）满足软件工程设计规范

1.2 利润＝需求－设计

利润＝收入－成本。不管出售什么,要获得利润,需要两个条件:

（1）要卖出好价钱;

（2）成本要低。

妙就妙在,价格和成本之间没有固定的计算公式,这正是创新的动力之源。放到软件业上,我也炮制了一个公式:

利润＝需求－设计

在软件开发中,需求工作致力于解决"提升销售"的问题,设计工作致力于解决"降低成本"的问题,二者不能相互取代。能低成本生产某个系统,不一定能保证它好卖。系统好卖,如果生产成本太高,最终还是赚不了多少钱。

如果需求和设计不分,利润就会缩水。从需求直接映射设计,会得到大量重复代码;如果从设计出发来定义需求,会得到一堆假的"需求"。

拿自古以来就有的一个系统"人体"来举例。人体的功能(能做什么)是走路、跑步、跳跃、举重、投掷、游泳……但是设计人体的结构时,不能从需求直接映射到设计,得到"走路子系统""跑步子系统""跳跃子系统"……人体的"子系统"是"呼吸子系统""消化子系统""循环子系统""神经子系统"……"子系统"不是从需求直接映射出来的,需要设计人员的想象力——本例子的设计人员就是造物主了。同样,也不能从设计推导出需求:因为人有心肝脾肺肾,所以人的用例是"心管理""肝管理"(见图1-1)。

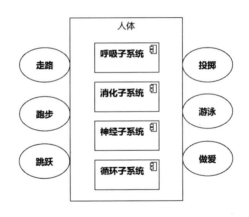

图1-1 人体的需求和设计

水店老板要雇一个民工送水(即租用一个人脑系统),他只要求这个民工能跑能扛就行,管他体内构造是心肝脾肺肾还是一块电路板;民工找工作也要从市场的需要来找,而不是从自己的内部器官出发来找——"老板,我有心脏管理功能,你请我吧!"

很多时候我们说"本系统分为八大子系统……",其实说的是"本系统的功能需求分为八大需求包……"需求包是基于涉众视角对系统功能分包而得到的,子系统是基于内部视角根据系统部件的耦合和内聚情况切割而得到的。

需求和设计的区别简要列举如图1-2所示，在后面的章节中再慢慢阐述这些区别。

需求	设计
卖的视角	做的视角
具体	抽象
产品当项目做	项目当产品做
设计源于需求，高于需求	

图1-2　需求和设计的区别

高焕堂在他的书《Use Case入门与实例》中说过：用例是收益面，对象是成本面。本书基于他的思想做了扩展。

1.3 建模工作流

要达到"低成本制造好卖的系统"的目标，并非喊喊口号就可以，需要静下心来学习和实践以下各个建模工作流中的技能。

1. 业务建模——描述组织内部各系统（人脑系统、电脑系统……）如何协作，使得组织可以为其他组织提供有价值的服务。新系统只不过是组织为了对外提供更好的服务，对自己的内部重新设计而购买的一个零件。组织引进一个软件系统，和招聘一名新员工没有本质区别。如果通过业务建模推导新系统的需求，而不是拍脑袋得出，假的"需求变更"会大大减少。

2. 需求——描述为了解决组织的问题，系统必须具有的表现——功能和性能。这项技能的意义在于强迫我们从"卖"的角度思考哪些是涉众（Stakeholder）在意的、不能改变的契约，哪些不是，严防"做"污染"卖"。需求工作流的结果——需求规约是"卖"和"做"的衔接点。

3. 分析——提炼为了满足功能需求，系统需要封装的核心域机制。可运行的系统需要封装各个领域的知识，其中只有一个领域（核心域）的知识是系统能在市场上生存的理由。对核心域作研究，可以帮助我们达到基于核心域的复用。

4. 设计——为了满足质量需求和设计约束，核心域机制如何映射到选定平台上实现。

软件开发人员如果缺乏软件工程方面的训练，对以上工作流没有概念，就会把这些工作产生的工件通通称为"设计"或者"文档"。例如问开发人员在做什么，回答"我在做设计""我在写文档"，其实他的大脑可能正在思考组织的流程（业务建模），或者在思考系统有什么功能性能（需求），或者在思考系统要包含的领域概念之间的关系（分析），但他通通回答成"在做设计""在写文档"。后来又有牛人说了：代码就是设计。本来"设计"在他脑子里就是"代码以外的东西"，这么一推导，不就变成了：代码就是一切？

很多大谈"编码的艺术"的书籍和文章，其实探讨的根本不是编码的技能，而是分析技能甚至是业务建模技能，只是作者的大脑里没有建立起这些概念而已。编码确实有编码的技能，就像医院里护士给患者输液也需要经过训练，但如果患者输液后死亡，更应该反思的是护士的输液手法不过关，还是医生的检查诊断技能不过关？

把工件简单分割为代码和文档（或设计），背后还隐含着这样的误解：认为模型（文档）只不过是源代码的另一种比较概要或比较形象的表现形式。这种误解不只"普通"的开发人员会有，一些著名的UML书籍作者也有。Martin Fowler[①]所著的UML畅销书《UML精粹》，认为UML有三种用法：草稿、蓝图和编程语言，也是仅从编码的角度来说的。从Fowler写作的其他书籍《重构》《企业应用架构模式》《分析模式》等可以知道，他的研究工作集中在分析设计工作流，特别是设计工作流，在业务建模和需求方面研究不多。

---

① 鉴于Fowler在某些社群的心目中如大神一般存在，此处专门提到了他。

不同工作流产出的工件之间的区别不在于形式,而在于内容,也就是思考的边界,如图1-3所示。如果清楚了解这一点,即使用C#,照样可以表达需求,用Word也可以"编码"。

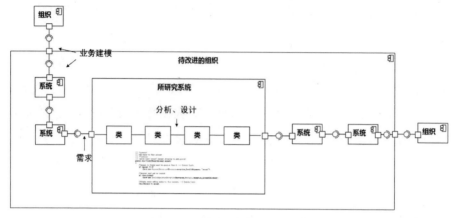

图1-3　建模工作流思考边界

> 有的开发人员思维刚好是颠倒的,先拍脑袋实现,然后再从实现反推前面的内容,例如下面的对话。
>
> 顾问:这个不应该是系统的用例。
>
> 开发人员:是的!我都写好了,运行一下给你看,这个系统确实提供了这个用例。
>
> 顾问:这两个类关系不应该是泛化,而是关联。
>
> 开发人员:是泛化,不信我打开代码给你看,或者逆向工程转出类图给你看。
>
> 是否系统用例应该以"好卖"来判断,是否泛化关系应该以"符合领域内涵"来判断,而不是先写好代码,再用代码来证明。

一些不了解以上概念的软件开发人员干脆以"敏捷""迭代"为名,放弃了这些技能的修炼。就像一名从护士成长起来的医生,只掌握了打针的技能,却缺少检查、诊断、拟治疗方案等技能,索性说:"唉,反正再高明的大夫,也不能一个疗程把患者治好,干脆我也别花那么多心思了,先随便给患者打一针看看吧，不好再来！""迭代"只是一个底线，确实，再高明的大夫也没有把握一个疗程就治好患者，所以要按疗程试试看，但是在每一个疗程中，依然要尽力检查、诊断、拟治疗方案。检查、诊断等技能越精湛，所需要的疗程就越少。

唱曲的名家，唱到极快之处，吐字依然干净利落；快节奏的现代足球，职业球员的一招一式依然清清楚楚；即时战略游戏高手要在极短时间内完成多次操作，动作依然井然有序。

有的开发团队用"项目时间太紧"作为放弃建模的理由，这个理由是不成立的。以高考做类比，如果一年之后要高考，学霸会认真做一年的计划，再做一周的计划，再做每天的计划，找出分值最大而自己又最薄弱的地方先复习，并且随进度调整计划，不断提高，最终考了700分。学渣则浑浑噩噩，零敲碎打，最终考400分。假设教育部门突然下令，一周之后就要高考！学渣可能心里暗喜，以为自己翻身的机会来了。学霸依然会认真做一周的计划，再做每天的计划，找出分值最大而自己又最薄弱的地方先复习，并且随进度调整计划，不断提高，最终考得550分。学渣虚度了一周时间，考了350分。有一个著名的学渣，每隔四年失败一次。每次失败后总结教训"备战时间仓促"，其实再给学渣四年，它也是混四年，最终还是那个样子——你猜这个学渣是谁？

在激烈竞争的年代需要快速应变，掌握技能才能真敏捷。世上无易事，偷懒要不得。不能把"敏捷""迭代"作为偷懒的庇护所。

有些互联网开发人员鼓吹"试错大法"，主张拍脑袋拿出去让市场试错，这同样是很荒谬的。客户确实不管你是怎么开发的，他只需要挑好用的就行，但对于开发系统的组织来说，有没有被挑中则是致命的。就像奴隶主看角斗士厮杀，奴隶主无所谓谁胜谁负，反正过程精彩，最终嘉奖冠军就行，而每一个角斗士却要如履薄冰，想方设法让自己坚持到最后。可悲的是，互联网公司是角斗士，却偏偏有"我是奴隶主"的错觉。

刚入行的开发人员体会不到建模的重要性，是正常的。就像下象棋，初学者面对单车对马双士、单马对单士等已经有共识的局面还需要思考良久，最终还拿不下来，甚至输掉。这时中局和布局的书在他看来多半是枯燥无味的，还不如把一本实用残局汇编看熟了，学到一些雕虫小技，也能在菜市场赢几盘棋。不过，要迈向职业棋手的境界，参与更残酷的竞争，就体现出中局和布局的重要了。

从我的观察所得，以上四项技能，大多数软件组织做得较好的是设计（也就是实现），前面三项都相当差，特别是业务建模和分析，没有得到足够的重视。很多软件组织拍脑袋编造需求，然后直扑代码，却不知"功夫在诗外"。

本书中的"需求"和"设计"两个术语有两种用途。一种用于表达建模得到的结果，例如"需求和设计不是一一对应的"；另一种用于表达建模的工作流，即需求工作流和设计工作流，例如"我正在做需求"。希望下面的话能帮助理解：为了得到需求，需要做的建模工作流有业务建模和需求，为了得到设计，需要做的建模工作流有分析和设计。

到目前为止，我没有谈到UML。只要您思考过上面四个工作流的问题，就是在建模。可以用口头表达，也可以用文本、UML、其他表示法或自造符号来表达。在每一个项目中，开发团队肯定会思考和表达上面这些问题，只不过可能是无意识地、不严肃地做。现在，我们要学习有意识地做，而且把它做出利润来。使用UML来思考和表达是目前一个不坏的选择。

本书不提供练习题答案，请扫码或访问http://www.umlchina.com/book/quiz1_2.htm完成在线测试，做到全对，自然就知道答案了。

1. 开发人员说"根据客户的需求,我们的系统分为销售子系统、库存子系统、财务子系统……",这句话反映了开发人员可能有什么样的认识错误?

    A)开发人员没有认识到面向对象设计的重要性

    B)开发人员直接从设计映射需求

    C)开发人员直接从需求映射设计

    D)开发人员没有用UML模型来描述子系统

2. 打开开发人员写的需求规约,发现用例的名字都是"学生管理""题库管理""课程管理"……,这背后可能隐藏的最大问题是什么?

    A)用例的名字不是动宾结构,应改为"管理学生"……

    B)用例粒度太粗,每一个应该拆解成四个用例,"新增学生""修改学生"……

    C)开发人员直接从需求映射设计

    D)开发人员直接从设计映射需求

3. 以下这些经常在开发团队里使用的词汇,都是不严谨的。其中_____混淆了需求和设计的区别。

    A)功能模块

    B)详细设计

    C)用户需求

    D)业务架构

4. 以下描述最可能对应于软件开发中的哪个工作流?

每个项目由若干活动组成,每项活动又由许多任务组成。一项任务消耗若干资源,并产生若干工件。工件有代码、模型、文档等。

    A)业务建模

    B)需求

    C)分析

    D)设计

5. 以下描述最可能对应于软件开发中的哪个工作流？

```
public Cargo(TrackingId trackingId, RouteSpecification routeSpecification)
{
    if (trackingId == null)
    {
        throw new ArgumentNullException("trackingId");
    }
    if (routeSpecification == null)
    {
        throw new ArgumentNullException("routeSpecification");
    }
    _handlingEvents = new List<HandlingEvent>();

    TrackingId = trackingId;
    _routeSpecification = routeSpecification;
    Delivery delivery = Delivery.DerivedFrom(_routeSpecification, _itinerary, _lastHandlingEvent);
    DomainEvents.Raise(new CargoRegisteredEvent(this, _routeSpecification, delivery));
}

/// <summary>
/// Specifies a new route for this cargo.
/// </summary>
/// <param name="destination">New destination.</param>
public virtual void SpecifyNewRoute(Location.Location destination)
{
    if (destination == null)
```

A）业务建模　　　　B）分析　　　　C）需求　　　　D）设计

6. 以下描述最可能对应于软件开发中的哪个工作流？

系统向会员反馈已购买商品的信息。

A）业务建模　　　　B）分析　　　　C）需求　　　　D）设计

7. 以下描述最可能对应于软件开发中的哪个工作流？

某集团向优马神州经理提出举办讲座的请求后，经理根据请求决定请哪一位专家，并拟定讲座计划，交给组织工作人员执行。组织工作人员根据经理提供的专家资料通过E-mail、电话等各种方式联系专家，和专家商议讲座的时间和主题。

A）业务建模　　　　B）分析　　　　C）需求　　　　D）设计

8. 如果问开发人员"你在做什么"，他说"我在写文档"，那么他有可能（本题可多选）_____。

A）不了解软件开发各工作流的区别

B）把自己的工作简单分为"代码"和"文档"

C）认为文档就是代码的叙述性文件

D）知道"文档"和"代码"的真正区别是什么

9. 以下说法和其他三个最不类似的是_____。

A）如果允许一次走两步，新手也能击败象棋大师

> B）百米短跑比赛才10秒钟，不可能为每一秒做周密计划，凭感觉跑就是
> C）即使是最好的足球队，也不能保证每次进攻都能进球，所以练习传球配合是没用的，不如直接大脚开到对方门前
> D）虽然大家都考不及格，但考58分和考42分是不一样的

1.4 UML简史

随着市场所要求软件的复杂度不断增大，软件开发的方法学也在不断进化。从没有方法到简单的功能分解法，再到数据流/实体关系法。进入20世纪90年代，面向对象分析设计（OOAD）方法学开始受到青睐，许多方法学家纷纷提出了自己的OOAD方法学。流行度比较高的方法学主要有Booch、Shlaer/Mellor、Wirfs-Brock责任驱动设计、Coad/Yourdon、Rumbaugh OMT和Jacobson OOSE。

这种百花齐放的局面带来了一个问题：各方法学有自己的一套概念、定义和标记符号。例如现在UML中的操作（Operation），在不同方法学中的叫法有责任（Responsibility）、服务（Service）、方法（Method）、成员函数（Member Function）……同一个类图，不同方法学也有各自的符号表达，如图1-4所示。这些细微的差异造成了混乱，使开发人员无从选择，也妨碍了面向对象分析设计方法学的推广。

1994年，Rational公司的James Rumbaugh和Grady Booch开始合并OMT和Booch方法。随后，Ivar Jacobson带着他的OOSE方法学加入了Rational公司，一同参与合并工作。这项工作造成了很大的冲击，因为在此之前，各种方法学的拥护者觉得没有必要放弃自己已经采用的表示法来接受统一的表示法。

Rational公司的这三位方法学家被大家称为"三友"（three amigo）。

1996年，三友开始与James Odell、Peter Coad、David Harel等来自其他公司的方法学家合作，吸纳他们的成果精华。1997年9月，所有建议被合并成一套建议书提交给OMG。1997年11月，OMG全体成员一致通过UML，并接纳为标准。

从2005年起，UML被ISO接纳为标准。相当于UML 1.4.2的ISO标准是ISO/IEC 19501，相当于UML 2.1.2的ISO标准是ISO/IEC 19505。2012年，ISO继续接纳UML 2.4.1为ISO/IEC 19505-1:2012和ISO/IEC 19505-2:2012，接纳OCL 2.3.1为ISO/IEC 19507:2012。

2011年，中华人民共和国也发布了统一建模语言国家标准GB/T28174。

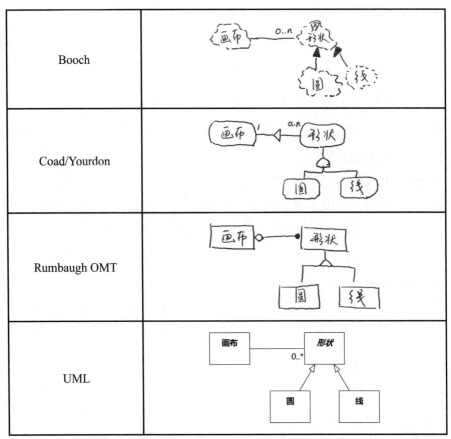

图1-4 不同方法学图形比较（同样一个三角形符号，在Coad/Yourdon方法学中用于表示关联，而在OMT方法学中用于表示泛化）

> UML的最新版本是OMG于2015年6月通过的UML 2.5，相关网址如下。
>
> OMG UML 2.5规范：http://www.omg.org/spec/UML/2.5/PDF
>
> ISO UML规范：
>
> http://www.iso.org/iso/home/store/catalogue_tc/catalogue_detail.htm?csnumber=52854
>
> 中华人民共和国国家标准：http://www.chinagb.org/ChineseStandardShow-197675.html

时间过去二十年了，UML不断发展，在表示法上已经获得了胜利。随便打开一本现在出版的软件开发书，里面如果提到建模，使用的符号基本都是UML，即便在纸上随便画个草图，样子也是UML的样子。各种主流的开发平台也相继添加了UML建模的功能。OMG还和各种行业标准组织如DMTF、HL7等结盟，用UML表达行业标准。

另外，以UML为契机，掀起了一股普及软件工程的热潮，在UML出现后的几年，不但有关建模的新书数量暴增，包括CMM/CMMI、敏捷过程等软件过程改进书籍数量也出现了大幅度增长。制定UML标准的角色（OMG）、根据标准制作建模工具的角色（UML工具厂商）、使用UML工具开发软件的角色（开发人员）这三种角色的剥离，也导致建模工具的数量和种类出现了爆炸性的增长。而之前的数据流等方法从来没有像面向对象分析设计方法一样，出现UML这样的统一表示法，从而带动大量书籍和工具的产生。

最开始一批UML书籍，基本上由方法学家所写的。最近几年，以"UML"为题的新书大多为高校教材或普及性教材。这并不是说UML已经不重要，而是没有必要再去强调，焦点不再是"要不要UML"，而是要不要建模、如何建模。

根据UMLChina的统计，UML相关工具最多时达168种，经过市场的洗礼，现在还在更新的还有近百种。有钱买贵的，没钱就买便宜的或者用免费或开源的，可参见UMLChina整理的UML工具大全：http://www.

umlchina.com/Tools/Newindex1.htm。

1.5 UML应用于建模工作流

UML 2.5包含的图形如图1-5所示，一共14种（泛化树上的叶结点）。

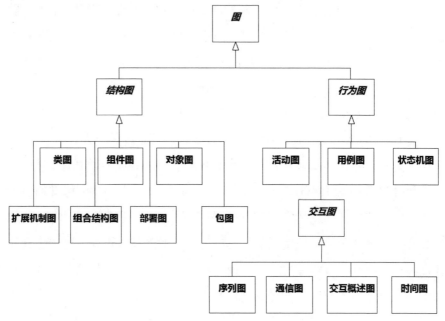

图1-5　UML图形（根据UML2.5规范绘制）

可能您看了会说，哇，这么多图，学起来用起来多复杂啊。其实，UML像一个工具箱，里面有各种工具。建模人员只需要根据当前所开发系统的特点，从这个工具箱中选择合适的工具就可以，并不需要"完整地"使用UML。这和编程语言类似。很多人说"我用Java"，其实只是用Java的一小部分，而且很长时间内也只会用这一小部分。

经常有学员问：潘老师，能不能给一个案例，完完整整地实施整套

UML？这是一种误解，这样的案例不应该有。这相当于问：有没有一本经典的小说，把字典里所有的单词都用上？有一些建模工具自带的案例模型会造成误解，一个模型里把所有的UML图都给用上了，但这是工具厂商出于展示其工具建模能力的目的而提供的，不可当真。

各建模工作流可以选用的建模图形以及推荐用法，如图1-6所示。

工作流	思考焦点	用例	类	组件	对象	部署	组合结构	包	扩展机制	序列	通信	状态机	活动	时间	交互概述	文本
业务建模	组织内系统之间	●	●							●			√		√	
需求	系统边界	●								√			√			●
分析	系统内核心域		●		√		√			●	√	●	√			
设计	系统内各域之间	√	√	√	√	√	√			√	√	√	√			●

图1-6　可选和推荐的建模元素用法（●表示优先使用，√表示可以使用）

观察图1-6中标有●的地方可以知道，掌握用例图、类图、序列图这三种图基本上够用了，可以先重点学习这三种图，其他图形暂时不管。针对特定类型的项目，如果有必要，可以按需添加图形。例如，开发复杂组织的运营系统，如果在业务建模时不喜欢用序列图，可以用活动图取代；对于系统中的核心类，可以着重画出状态机图来建模类内部的逻辑；针对质量要求很高的系统，每一个类可能都需要画状态机图，甚至还要画时间图。

另外，设计工作流目前推荐的做法是不需要画UML图，而是用文本来表达实现模型，即所谓"代码就是设计"——编码就是一种建模工作。计算机运行的是二进制指令，源代码实际上也是"模型"。之所以被称为"源代码"，是因为它是人脑需要编辑的最低形式模型。这个最低形式模型随着时代的发展不断变化。

如图1-7所示，最初的源代码是机器语言。程序员在纸带或卡片上打孔来表达0和1。后来发现这样太累了，于是发明了一些助记符，这就是汇编语言。今天会有开发人员故作谦虚，"这些我不太懂唉，我是做底层的，用C编码"，可是C语言却被归类为"高级语言"，因为类似C这样的语言出现的时候，大多数程序员编辑的是汇编语言，C相对于汇编来说，当然很高级。今天的一名企业应用程序员，需要编辑的可能有Java代码、配置脚本、SQL语句等，这些就是现在的"源代码"的形式。

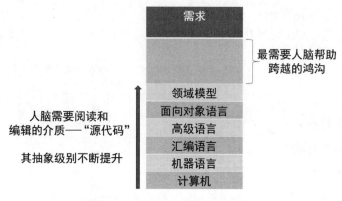

图1-7　"源代码"的发展历程

如果人脑只需要编辑UML模型就可以实现系统，那么"模型就是源代码"。例如用带有设计级调试和强大代码生成能力的工具IBM Rational Rhapsody开发实时嵌入系统，人脑只需要编辑和调试UML模型（类图和状态机图）。

1.6 基本共识上的沟通

不少开发人员并不喜欢用UML，更喜欢在白板上画个自造的草图，似流程图非流程图，似类图非类图，然后说"来，我给大家讲讲！"这样的做法有巨大的"优点"：怎么画都是对的，关于这个草图的解释权归"我"所有。同事不好批评"我"，项目要依赖于"我"头脑中的隐式知识——要是"我"不"给大家讲讲"，大家就玩不转了。这样，"我"在团队里的地位就提高了。上面这种现象，在有一定资历、但又不对项目的成败承担首要责任的"高手"身上表现得更明显。

💡 开发人员让我看他的模型时，如果开口说"我先来给你讲讲"，我都会拦住，"如果还需要你先讲讲，说明你所想的没有体现在模型中"。

这种做法的本质是想通过形式上的丑陋来遮掩内容上的丑陋。动乱年代，数学家在牛棚中用马粪纸做数学推导，不代表就可以因为演算工具简陋而允许自己胡乱使用符号和概念；过去的作家没有电脑，不意味着可以随意写错别字和犯语法错误。开发人员故意选择简陋的形式为简陋的内容开脱，就如同作家故意选择不好的纸来掩盖自己文字功力不足的事实，并不是好现象。UML没有强调一定要用多么昂贵的工具来建模，即使开发人员在海边用手指在沙滩上建模，模型所体现的概念依然要清晰。

如图1-8所示，数学里的积分符号、五线谱的小豆芽，幼儿园小朋友也会画，但背后的道理需要经过艰苦的训练才能理解。就像数学符号背后隐含着数学的基本共识，五线谱背后隐含着基本乐理一样，UML背后隐含着软件建模的一些基本共识，这些共识需要一定的训练才能掌握。

掌握统一的建模语言之后，开发团队在基本共识上沟通，会大大提高沟通的效率和深度，有意无意遮掩的脓包也会强制露出。开发人员如果习惯于画"草图"，用"模块""特性"等词汇含糊不清地表达思想，在严谨建模思维的追问之下，往往会千疮百孔，暴露许多之前没有想到的问题。这是一些"高手"潜意识里不愿意直面UML的深层原因——如果有"高手"不同意，欢迎把所画的草图发过来，我告诉您背后隐藏的"脓包"。

图1-8 符号背后隐含基本共识

面对一个棋局,下一步怎么走?在业余棋手看来到处都是正确答案,在职业棋手眼里,值得讨论的选项只有两三种,因为职业棋手针对一些基本的技能达成了共识,大大减少了思考中的浪费。

有些"敏捷"软件组织,抛弃了所有"文档"(前文已说过,如果使用"文档"这个词,说明概念不清楚),更喜欢口头交流,动不动就开会,你一嘴我一嘴,场面看起来热热闹闹,其实沟通的效果不好,更谈不上思考的深度和知识的沉淀。对比一下街坊老大爷下象棋的热闹和职业棋手比赛时的沉静就知道了。"敏捷"的理由也不成立,街坊老大爷判断局势的速度快还是职业棋手判断局势的速度快?野路子棋手不看棋书不打谱,摆个路边摊也许够用,如果参加职业比赛,会被打得落花流水。

💡 有的开发人员的"十年工作经验"实际上是"一年工作经验用了十年",一直在热热闹闹的民工层次徘徊,没有积累和成长。

不过要注意一点:使用UML沟通仅限于软件组织内部,UML模型不是用来和涉众沟通的!这个道理以及和涉众沟通的技能将在第7章详细叙述。

1.7 建模和敏捷（Agile）

敏捷运动在20世纪90年代中期兴起，当时敏捷过程被称为轻量（lightweight）过程。2001年，Kent Beck、Martin Fowler等人聚集在犹他州的Snowbird，决定把"敏捷"作为新的过程家族的名称，并提出以下宣言：

个体和交互　　　　胜过　　过程和工具
可以工作的软件　　胜过　　面面俱到的文档
客户合作　　　　　胜过　　合同谈判
响应变化　　　　　胜过　　遵循计划

敏捷运动可以看作是"政治正确"的左翼思想在软件开发领域的一次演练。这次演练和在人类社会其他领域已发生的左翼演练一样，迅速取得了成功，带来了一批"有信仰"的软件从业者。此处不再细谈，只谈谈口号和方法的区别。

有口号有方法，有口号无方法，无口号无方法，这三种情况哪一种最坏？可能有的人认为无口号无方法最坏，其实不然，无口号无方法地呆在原地，可能会慢慢衰落，但不是最坏的。历史上各种最坏的大悲剧往往和"有口号无方法"有关。

最坏的事是"有口号无方法"的"好人"做的。偷盗抢劫的坏人知道自己做的是坏事，会暗自收敛，事后会内疚，甚至做一些善事来弥补以求心安；而"好人"认为自己是做好事，所以会做得很极端，如果有口号无方法，大悲剧就发生了。例如，有人谈论社会上存在的（□□此处作者删去三十二字□□）问题，列举的大都是事实，结果给出的解决方案却是（□□此处作者删去二十八字□□）。有一句名言"通往地狱的道路通常是由善意铺就的"，就是这个意思。

软件开发领域也有不少有口号无方法的场景。

> 【口号】我们只做最重要的需求，尽快把系统推向市场。
> 【问题来了】怎么知道哪个需求最重要？拍脑袋？
> 【口号】设计要分离变和不变，这样可以减少变更的成本。
> 【问题来了】怎么知道哪些变哪些不变？抓阄？

建模，为口号提供了方法；愿景、业务建模方法，帮助迅速定位最重要的需求；领域分析方法，帮助厘清各种概念的变和不变。

开发团队要警惕有口号无方法的成员。这些害群之马擅长喊口号打鸡血，上班时间端着茶杯大谈老子、庄子、孙子、禅、道……吐槽软件项目中的各种痛苦。这些痛苦确实是事实，结果给出的解决方案却是荒谬的。

有两幢大楼，地震中一幢倒塌了，另一幢没倒塌。倒塌的直接因素可能是大楼的结构、所用的材料、所在位置的地质环境等，但这些都涉及比较艰深的工程力学、材料学和地质学知识。有人懒得思考，干脆就直接嚷"有人吃回扣了"，就算经过调查没人吃回扣，他也会从工作服的颜色，工人是否结对洗澡，施工队开会时是否站立等方面来找原因，因为这相对容易。

本书内容针对的是影响软件质量的直接原因——缺少各种建模技能。许多团队实施过程改进容易流于形式，根源往往就在于建模技能的不足。如果把改进的焦点先放在建模技能上，开发人员技能提升了，适用什么样的过程自然就浮出水面，没有必要去生搬硬套某过程。或者说，技能增强了，更能适应不同的过程。UML建模没有绑定到特定过程。当前主流的软件过程都是强调增量和迭代开发，应该把前面所讲的业务建模、需求、分析、设计看作是一个迭代周期里的工作流，做一点业务建模，做一点需求，做一点分析，做一点设计……不可误解成"做完了所有的业务建模才能做需求"……

很多时候方法和过程经常被混淆，有人会把"敏捷"说成"敏捷方法"，其实"敏捷"是一个过程家族。之所以造成这个误解，也许和Martin Fowler把他介绍敏捷过程家族的文章起名为"新方法学（*The New Methodology*）"有关。另一个常见的误解来自Robert C. Martin的书《敏捷软件开发——原则、方法与实践》，书中主要讲的是面向对象设计的一些方法（原理、原则和模式），这些方法并非Robert C. Martin首先提出的，而且和敏捷过程没有必然关系，但是，经常会有开发人员误解面向对象设计的这些思想是敏捷人士提出来的。更有一些敏捷人士在没有学习和掌握软件工程知识的情况下，先高喊"砸烂一切"，吸引热血青年，然后发现砸烂一切是不行的，又偷偷拾起过去被自己砸烂的东西，加上自己的"敏捷"包装，有意无意地给不了解历史的新入行开发人员造成"这是敏捷发明的，那是敏捷发明的，所以把敏捷挂在嘴边的人最懂"的印象。

我刚开始为软件组织提供服务时，有一次和一个软件组织的经理交流，经理说"我们用的是面向过程方法"。我一开始信以为真，认为如果能做到用面向过程方法，从组织级、系统级到模块级层层分解也不错的。后来发现，经理所说的"面向过程方法"其实是随意的功能分解，也就是没有方法。

类似的场景还有：软件组织负责人说"我们现在采用的是敏捷过程"，稍微深入了解，多半会发现其实他所说的"敏捷过程"就是没有过程。不要让"面向过程"和"敏捷"成为偷懒的庇护所。

1.8 什么样的系统不需要建模

这是经常被问到的一个问题。前文已经说过，编码就是建模，所以什么样的系统都需要建模。这个问题真正要问的是"什么样的系统可以不用业务建模、需求、分析，而直接设计（编码）？"

1.8.1 市场没有小系统

过去的软件工程书籍中，谈到建模的重要性时，常会说："自己搭个狗屋不需要建模，盖摩天大楼需要建模，因为后者更复杂。"这样的说法并不正确。在市场经济的环境下，如果要挣到钱，搭狗屋和盖摩天大楼的复杂度是一样的。狗屋有狗屋的品牌，摩天大楼有摩天大楼的品牌，盖摩天大楼的公司要抢搭狗屋公司的市场可没那么容易——世上无易事，市场没有小系统（见图1-9）。

要是我问您，跑百米容易还是跑马拉松容易？这还用问！当然是跑百米容易了，是吧？其实我想问的是：亚洲运动员要拿奥运冠军，是跑百米容易还是跑马拉松容易？答案似乎就颠倒过来了。近邻韩国和日本都已经出过奥运马拉松冠军，比起拿百米冠军，概率要大多了。

不同形态的系统各自有各自的复杂性，看起来做一个电厂管理信息系统好像很牛，但做一块电表的学问也不小。到现在为止，我服务的组织覆盖了国内各个领域的领袖企业，包括通信、企业管理、电子商务、房地产、网络游戏、地理信息、物流、数码设备、医疗设备、工业控制等领域。业务建模、需求、分析等建模技能都适用于这些企业的项目。无论是上千万人同时使用的社交系统，还是行政人员使用的内部办公系统，还是埋藏在人体内的小设备，建模是否值得，和系统的运行形态无关，而是看软件组织有没有一颗冠军的心。

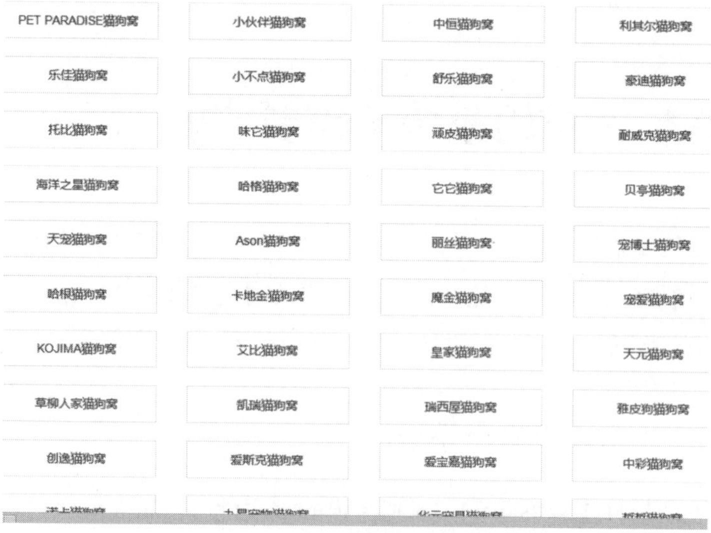

图1-9　商城中的猫狗窝品牌

1.8.2 你的系统不特别

还有一种以为不需要建模的情况是,开发团队经常认为自己做的系统"比较特别",以此作为懒得深入思考的理由。如果学习了本书的建模技能,就会发现之前认为特别的项目其实没有什么特别,包括所谓的"遗留系统"、二次开发系统、内部系统、移动互联网系统、政绩工程……一些互联网开发人员动不动就鼓吹"互联网思维",拼命强调自己所开发的系统有多特别,无非是偷懒和为失败寻找借口而已。

见识少的病人总以为自己得了怪病,其实到医院让医生一看,太普通了。

还有一个常听到的偷懒庇护所是"软件开发是艺术"。软件开发是不是艺术,我不知道,不过就算软件开发到了极高境界真的是艺术,恐怕也不是大多数人目前有资格谈的。下棋到很高境界,也有各种流派风格,但那是在通晓了基本棋理的基础上演变出来的,连基本棋理都没有掌握的初学者,把自己的胡思乱下也当成"流派"就不合适了。

我在指点建模人员改正他所画的模型的时候,偶尔会有建模人员不服气,"老师,难道一定要按照你这个规范吗?我自己有一套规范不行吗?"这不是规范的问题,是背后的基本道理。

师父纠正少林弟子武功招数的细节,弟子懒得去了解为什么按师父教的会好一点,反而说:"不要纠结于细节,天下的武功又不是只有少林这一派,"以为这样一说,自己就可以摇身一变成为武当派高手了。其实,少林派武功学精了,如果对武当派武功感兴趣,转起来容易很多。如果某人学少林派武功时面对细节总是以"不纠结"为由拒绝进一步思考,很难相信他学习武当派武功时会好到哪里去。

本书到现在为止,已经说了很多回"偷懒",就是强调世上无易事,好的方法应该能强迫您思考,强迫您付出心血和汗水来获得竞争优势,反之就是忽悠,就像前些年一些甜得发腻的敏捷宣传。

1.9 案例介绍

本书的案例讲述UMLChina如何改进其内部业务系统的故事。我在序言说到，UMLChina秉持"内外有别"的原则。在外面看来，UMLChina的网站其貌不扬，十几年如一日，UMLChina组织的信息化其实藏在背后。

UMLChina一开始把领域放在软件工程，后来发现，这个领域已经太大了，没有能力在这么大的范围内做到最好，于是缩小范围，专注于和UML相关的建模技能。2002—2004年我们和出版社合作翻译了《人月神话》《人件》等软件工程书籍，这方面的书籍后来不再做了，只做建模相关的书籍。

我为UMLChina所做的定位是：**做世界上最小和最好的建模咨询公司**。咨询工作适合做精，不适合做大。UMLChina没有招揽或培养满屋子的"年轻资深咨询师"，通过扩大规模来提高收入，有的机构这样做了，也获得了更多的收益，但那不是我们的路。

一旦从深度上定位，就会发现要做的事情非常多，2005年，我决定着手开发UMLChina的业务系统。经过这些年持续改进和升级（也仍将继续改进和升级），虽然现在离我希望的"武装到牙齿"的境界还有很大的距离，但这个和UMLChina业务结合在一起的系统确实能够让UMLChina不必请更多的人就可以保持正常运作。因为很多业务逻辑已经封装在系统中，所以也比较容易分权给助理。

后面给出的素材绝大部分是真实的，如果有一些地方做了模糊处理，那是出于商业上的考虑。UMLChina在商业方面的事宜有公司负责运作，本书隐去公司真实名字，仍把这个公司叫做UMLChina。

1.10 模型的组织

从前面的图1-6可以知道,建模工作流和所用的UML元素不是一一对应的。模型可以按照UML元素的种类组织,也可以按照工作流来组织。

本书推荐的模型组织方式是按工作流组织,如图1-10所示。本书提供了一个初始Enterprise Architect(以下简称EA)模型,该模型已经按照图1-10的组织方式建好了包,并且添加了一些业务建模和分析的构造型(Stereotype)。我建议读者直接从本书提供的初始模型开始做,按部就班填空即可。初始模型的下载地址是http://www.umlchina.com/training/myproject.rar。初始模型使用EA13编辑保存,使用其他EA版本打开编辑也应该没有问题。您在熟练掌握本书的建模技能以后,如果体会出对您的项目更合理的组织方式,可以抛弃本书所推荐的方式。如果您平时使用的工具不是EA,而是RSA、StarUML、VP-UML等,也可以自行按照图1-10的方式组织模型。UML工具(包括EA)一般都会预置一些模板,建议先无视它们。

图1-10 按工作流组织模型(推荐做法)

另外一种常见的模型组织方式是按视图来组织，如图1-11所示。以前Rational Rose默认的组织方式就是这样，最开始我也是这么做的，但是后来发现开发人员容易出问题的地方不是用什么图，而是目前在做什么。开发人员的思维经常跳来跳去，无意识地改变思考的焦点——正在讨论系统之间的协作流程，突然就跳入某个系统的内部讨论类的关系，甚至类的某个操作内部的实现。所以，本书不推荐按视图组织模型。

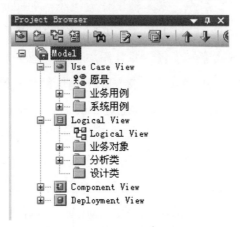

图1-11 按视图组织模型（不推荐）

本书不提供练习题答案，请扫码或访问http://www.umlchina.com/book/quiz1_3.htm完成在线测试，做到全对，自然就知道答案了。

1. UML三友是哪三位？

　　A）Messi、Neymar JR和Luis Suárez

　　B）Luciano Pavarotti、Placido Domingo和Jose Carreras

　　C）Martin Fowler、Kent Beck和Alistair Cockburn

　　D）James Rumbaugh、Grady Booch和Ivar Jacobson

2. 以下不属于OOAD方法学的是_____。

　　A）Booch方法　　　　　　　　B）Demarco方法

　　C）Rumbaugh OMT　　　　　　D）Coad/Yourdon方法

3. 以下不属于UML图形的是_____。

　　A）流程图　　　　　　　　　　B）状态机图

　　C）序列图　　　　　　　　　　D）通信图

4. 以下不属于本书推荐常用的UML元素的是_____。

　　A）用例图　　　　　　　　　　B）组件图

　　C）序列图　　　　　　　　　　D）类图

5. 以下不是UML工具的是_____。

　　A）Enterprise Architect　　　　B）DOORS

　　C）Astah　　　　　　　　　　D）MagicDraw

　　E）Plato　　　　　　　　　　F）Rhapsody

6. 一些开发人员更喜欢画"草图"，然后说"来！我给大家讲讲"，深层原因是_____。

　　A）这样更敏捷，现在流行"敏捷"

　　B）草图更自由，有发挥的空间

　　C）想通过形式的粗陋遮掩内容的粗陋

　　D）亲身讲解胜过模型文档交流

7. 经常被当作"偷懒庇护所"的说辞有（多选）_____。

　　A）软件开发是艺术，艺术是没有道理可讲的

　　B）我们敏捷了

　　C）建模带来竞争优势

　　D）不管用什么方法，把项目做成功就是好方法

8. 以下软件开发名人中，和前央视主持人小崔（崔永元）同龄的是_____。

　　A）Martin Fowler　　　　　　B）Kent Beck

　　C）Ivar Jacobson　　　　　　　D）Peter Coad

　　E）James Rumbaugh　　　　　F）Grady Booch

9. 以下说法正确的是_____。
   A）在项目中可以只挑选一部分UML元素来使用
   B）UML模型的最佳案例就是建模工具附带的例子
   C）团队引进UML时，努力达到的最终目标应该是完整应用所有的UML元素
   D）UML是软件开发人员和客户之间沟通的绝佳工具

10. 以下说法正确的是_____。
    A）功能很少的系统不需要建模
    B）类很少的系统不需要建模
    C）市场上已经有很多现存产品的系统不需要建模
    D）ABC都不正确

1.11 工具操作

在开始项目实作的讲解之前，我们先建立模型，并对Enterprise Architect做一些设置。

【步骤1】在Windows资源管理器双击模板文件myproject.eap，Enterprise Architect启动并打开myproject.eap（见图1-12）。

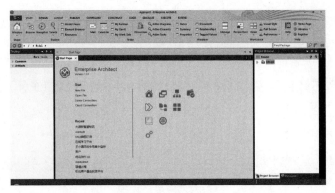

图1-12　启动EA

【步骤2】在左上角 ⊗ 菜单选择Save Project As...，在对话框Target Project栏中设置新建模型文件的位置和名称，确认选中Reset New Project GUIDs复选框，单击Save As按钮。与资源管理器里复制模板文件相比，以上做法可以重置所有标识值，保证模型元素不冲突（见图1-13）。

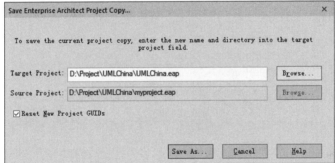

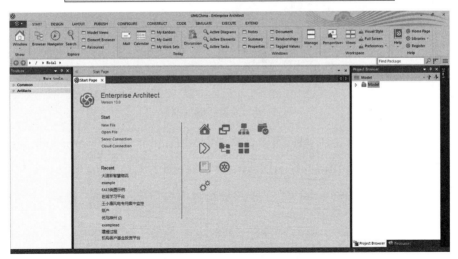

图1-13 从模板项目创建新项目

【步骤3】单击CONFIGURE菜单，选择Model组中的Options，在Manage Project Options对话框中选择General页签，设置Font Face和Font Size为合适的默认字体。本书的选择是大小为14的微软雅黑（见图1-14）。

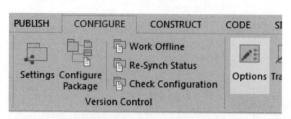

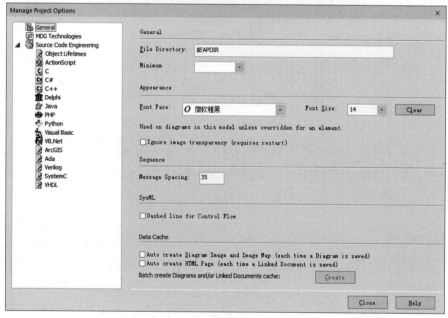

图1-14　设置默认字体

【步骤4】单击START菜单，选择Workspace组中的Preferences，在Diagram | Theme页签的Diagram Theme栏选择Monochrome for printing，单击Save。这一步把图形风格设成黑白色，如果不喜欢，可以跳过（见图1-15）。

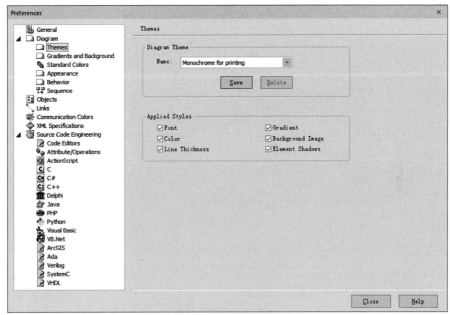

图1-15 设置图形颜色风格

> 谁挽起弓箭,射天空的火舌,谁偷仙丹飞天,月宫安守青天。
>
> 《天问》;词:周耀辉,曲:刘以达,唱:达明一派;1989

第2章 业务建模之愿景

> 2.1 什么是愿景(Vision)

爆炸法

如果投资人在你身上绑了炸弹,命令你在几分钟之内把当前研究的系统推销出去,而且只能找一个人推销。假设这个炸弹还能感应脑电波,推销完毕后,如果炸弹感应到被推销的人对这个系统不感兴趣,就会爆炸。这种情况下,为了最大可能地保住自己的性命,你会选择向谁推销,推销时选择说什么话?这个问题的答案就是老大和愿景。

(很多人可能会第一时间想到向自己的父亲或母亲推销,但是,父母会买单是对你的性命感兴趣,未必对你推销的系统感兴趣,炸弹依然会爆炸!)

如果上面的场景还不足以刺激你思考,可以用加强版:如果投资人在你和你的情敌身上绑了炸弹,命令你们几分钟时间内把当前研究的系统推销出去,谁得到的感兴趣的脑电波强,谁就活下来。

愿景属于业务建模工作流的一部分。为了突出愿景的重要性，本书把它单独列为一章。

如果缺乏清晰、共享的愿景，开发人员就会兴高采烈地在错误的方向上狂奔，做得越多，浪费越多。很多年前一位技术总监的话让我印象深刻：

"知道这两个（和愿景相关度最大的）功能实现难度太大做不下去，在我看来这个项目已经没有价值，但是开发人员还乐在其中，觉得还有其他功能可以做。"

没有愿景的支持，互联网时代流行的口号"我们只做最重要的需求""砍掉80%的功能，专注于剩下的20%"将沦为空话，怎么判断哪条需求最重要？砍掉哪80%？愿景就是需求排序的主要依据。

愿景如此重要，开发团队却经常不写，或者把它写成一堆空话套话。我们现在来学习如何从空话套话中把干货提炼出来，写成愿景。

以一个待引入系统为研究对象，其愿景的定义是：在目标组织代表（老大）看来，引进该系统应该给组织带来的改进。

图2-1是愿景的一个例子。

系统：
生产执行管理系统
老大：
龙翔公司制造部王部长
目标（度量）：
*缩短从接到市场部订单到交付产品的时间周期。度量：（交付时间-接单时间）/件数

图2-1 愿景示例

通俗一点说，一个东西的愿景就是：东西最应该卖给谁，对他有什么好处？这么简单的问题，回答起来未必容易。开发人员介绍自己的系统时，洋洋洒洒说一大堆系统有哪些功能，采用什么技术平台、架构等，但被问到"为什么要做这个系统"时，可能就会瞠目结舌。如果开发人员的思维停留在"可以工作的软件"（来自"敏捷宣言"）而不是追求"可以

卖的软件",他甚至会纳闷为什么要思考愿景这个东西!

接下来我们逐步剖析愿景定义中的每一个概念。

2.2 【步骤】定位目标组织和老大

2.2.1 目标组织和老大的含义

目标组织:待引入系统将改进其流程的组织。它可以是一个机构,也可以是一个人群。

平时开发人员口中所说的"客户",实际上就是目标组织,但本书不采用"客户"这个词,因为"客户"暗含着"和我(开发人员)所在的不是一个组织"的意思。目标组织可以是开发人员所在的组织,就像医生可以给自己和同事看病一样。采用"目标组织"这个词,更关注"患者是谁",而不是"患者和医生是什么关系"。

老大:目标组织的代表。

老大是一个具体的人,是系统最优先照顾其利益的那个人,相当于某部戏最重要的观众,如果他不满意,其他人满意也没用(见图2-2)。

图2-2 老大是最重要的观众

老大的头脑是一块块的战场。所研究的系统是军队，开发团队的领导是军队指挥官，他负责找到自己的军队最值得投入的战场，指挥军队和敌人厮杀，占领战场，或者防守住敌人的进攻（见图2-3）。

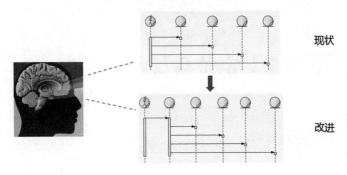

图2-3　在老大的大脑里厮杀

定位目标组织和老大的工作，强迫开发人员做更深刻的思考。用户满意的就是好产品？谁是用户？凭什么人家就满意啊？如果您认真思考并掌握了本章的技能，相信可以体会到平时听到的那些正确而无用的废话是多么不入流。

做这些深刻的思考并不容易。很多需求人员是从程序员转型而来，习惯于从实现者的视角看问题，而不是老大的视角。

有时我问程序员：你最近做什么项目？有的程序员回答：我在做一个Java项目。对吗？对的！这个项目对于这位程序员来说确实就是一个"Java项目"，因为他不关心项目的核心域是医院、物流、保险还是城市规划，他只关心这个项目能否提升他的Java技能，从而对升职加薪有帮助，所以他把这个项目叫做"Java项目"是十分正确的。并不只是刚入职的程序员会这样回答，有一次，我问一位有将近十年开发工作经验的架构师最近做什么项目，架构师回答：在做一个数据仓库项目。继续聊下去，了解到其实他做的是某通信公司的客户关系管理系统，里面用到了数据仓库，而数据仓库的知识恰好是他比较缺乏而且感兴趣的，所以他干脆把这个项目称为"数据仓库项目"了！

如果所研究系统是针对特定人的定制系统，例如"老婆让我为她且只为她做一个小东西"，就不用讨论了，那个人就是老大。不过这种情况很少，一般都要做定位的思考。

我把定位目标组织和老大所要做的工作列在图2-4中，分为三种情况来考虑。需求人员在定位过程中要善于具体化，把产品当成项目来做。

编号	情况	系统改进范围	定位老大的步骤
1	针对人群的非定制系统	某个人群	*定位目标人群 *定位老大
2	针对某特定机构的定制系统	某特定机构	*定位机构范围 *定位老大
3	针对某类机构的非定制系统	某类机构	*定位机构范围 *定位目标机构 *定位老大

* "定制系统"即平时所说的"项目"，"非定制系统"即平时所说的"产品"。

图2-4 定位目标组织和老大所要做的工作

2.2.2 定位情况1：定位目标人群和老大

对于图2-4中的情况1，初步判断所研究系统是改善个人的工作，但是没有指明某特定个人——所有人都可以购买和使用。即使如此，我们也需要做出取舍，思考系统首先应照顾哪个人群的利益，因为不同人群对系统的要求是不一样的。

一个老头找到PS可乐公司，告诉他们的主管，"我可是你们的忠诚客户啊！我喝过的可乐罐排成线，可以从苹果园排到通州（北京从西到东）。现在我老了，我对你们的可乐下一个版本提出如下要求：第一，我有胃病，下一个版本不要有这么多气；第二，我有糖尿病，下一个版本里面不要有糖。"PS可乐公司的主管很感动，哇，这么棒的顾客，把要求提得那么具体，省下好多我们调研需求的时间，好，下个版本就这么办！

可惜，现实生活中不会有这样的场景。老头老太太可以买可乐喝，甚至可以买给自己的宠物喝，PS可乐公司不会拦着。问题在于，老头老太太提的要求，或者为他们的宠物提的要求（注意用词：是要求，不是需求），PS可乐公司不会放在重要的位置来考虑，因为PS可乐的目标人群是青少年。可惜，很多时候我问建模人员："可乐卖给谁？"得到的回答大多是"卖给消费者""卖给想喝可乐的人"等对做出好卖的可乐没有帮助的、**正确而无用的废话**。

竞争使得产品分类越来越细，不再有针对所有人的产品。

在原始人眼里，喝水是很简单的事情，也没多少选择，靠着河就喝河水，靠着泉就喝泉水。随着社会的发展，喝水变得越来越复杂，水的种类不断分化，"水"的含义也在变化（Ries，2005）。"我进超市去买几瓶水带在路上喝"，您猜会买什么？图2-5展示了超市里摆的各种水，它们都力争在顾客的大脑中占到一个位置，打败竞争对手，进入顾客那容量有限的胃中。

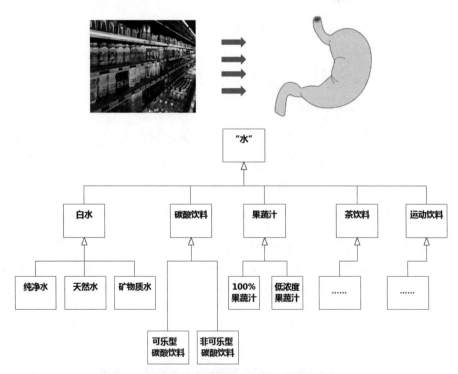

图2-5　超市里摆的各种"水"抢夺顾客的胃

（此处"水"的含义不是H_2O，而是"可饮用物质"）

图2-6展示了品牌不同、功能类似的产品如何匹配到不同的目标人群或老大。

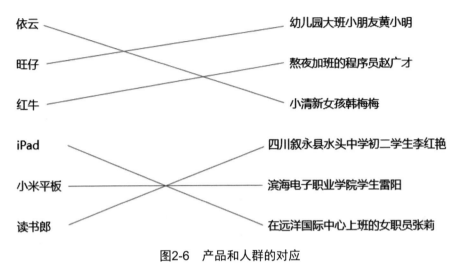

图2-6 产品和人群的对应

定位目标人群和老大的思考方法是不断追问"谁比谁更像""为什么"。类似下面的对话:

A:这个网站目标客户是什么?

B:中学生。

A:初中生更像,还是高中生更像你说的"中学生"?

B:都可以的。

A:不能"都可以",必须要比出谁比谁更像。

B:初中生吧?

A:为什么?

B:因为大多数初中生还没掌握基本的学习方法,需要我们的网站帮忙。

A:哪个年级的初中生更合适?

……

更严格的做法可以画出类图,对类的每个属性以及所关联类的每个属性展开比较,找出最"像"的属性值集合(见图2-7)。

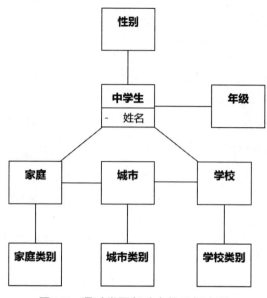

图2-7 通过类图帮助定位目标人群

错误一：从功能加上"人群"二字得到目标人群

一款聊天软件，目标人群定位为"聊天人群"。这种省事的定位，是一种"正确而无用的废话"。就像开餐馆一样，如果问目标客户是什么人，直接回答来吃饭的人或肚子饿的人没有任何增值作用，不能帮助餐馆做出更好卖的菜品。要离开"吃饭"这个功能来定位，例如定位为政府公务员、IT公司程序员、工地民工等。这三种不同的目标人群，带来的餐馆风格是不一样的。政府公务员可能去××会馆，适合IT公司程序员的是××湘菜馆，工地民工到××大排档。

错误二：吃窝边草

做一个老年陪伴机器人，要从老人这个巨大的人群中定位出老大。需求人员就把老大定位为住在自己对门的郑老先生，毕竟大家是熟人，方便调研嘛。问题是，郑老先生的老伴还健在呢，他不是最需要这个产品的人。公司投入大量金钱去研发产品，难道就是为了邻居老大爷高兴？应该把目光放远，不局限于自己的小区，自己的城市。如果经过严肃思考发现，某个白人老人更适合当老大，应该想办法去调研这个老人的现状。

上面的情况还算好的。如果所开发的系统恰好是需求人员自己用得上的，需求人员干脆就把自己当老大了！例如，做一款幼儿园家长用的app，需求人员想，哟，我儿子也刚好上幼儿园，干脆就把自己当老大吧，自己想要什么功能就做，不要的就不做！

这样的做法确实给需求人员省了不少力气，不用花时间到第一线调研了，坐在电脑旁让思想"自由飞翔"就可以。软件行业的民粹主义者大力推崇这样的做法，喊出了"吃自己的狗粮（dogfooding）""工程师文化"等得到广大软件人员响应的口号——问题是，"软件人员喜欢"和"目标人群喜欢"很多时候是不一致的。

没有交易的情况下，农民要吃东西只能自己种，而且自己种的东西只能自己吃。现代社会中，为别人生产以获得利润是常态，过于强调"吃自己的狗粮"很容易成为需求人员另一个偷懒的庇护所。

一名专业研究白血病的医生，如果自己也得了白血病，在不影响日常生理功能的情况下，"吃自己的狗粮"也许在研究白血病方面会比其他医生动力更足、体会更深，获得的成果更大，但这种情况发生的概率有多少呢？以上面幼儿园家长app为例，"身为IT人士的幼儿园家长"可能不是最需要这个app的幼儿园家长。

错误三：虚构老大

还有一种偷懒的庇护所是虚构一个老大，还美其名曰Persona。这种做法说白了也是鼓励建模人员免去深入第一线调研的辛苦，安心闭门造车。如果内心里觉得深入第一线调研至关重要，就不会找这个庇护所了。例如，为女性做一个产品，建模人员深入第一线调研，面对的调研对象是一个个具体的女性。如果建模人员把调研的精力花在罗玉凤身上，留给林志玲的精力就不多了，所以必须思考罗玉凤更像老大还是林志玲更像老大的问题。相比起来，关在办公室随意捏造一个符合自己要求的"女性"省事多了。

2.2.3 定位情况2：定位机构范围和老大

第二种情况，系统改进的目标组织是某个机构。这个机构可能是一个公司、一个政府单位、一个部门、一个小组、一个家庭。

这时需要考虑的一个问题是如何恰当圈定所研究机构的范围。这个问题没有标准答案，可能要尝试很多次。如果发现所圈定机构内部的大多数流程和改进不相干，说明圈的范围可能大了；如果发现很多要改进的流程未涉及，说明圈的范围可能小了。

很多时候，从系统的名字都可以推测范围大小。例如，"××企业管理系统"改进的可能是整个企业，而"××营销管理系统"改进的可能是企业里的市场营销部。

另一个推测方法是：画一个圈，把大多数可能被（部分/全部）替换责任的系统（人脑系统/电脑系统……）圈在里面。

例如：要开发一个企业内部员工训练平台，初步判断替换的责任大多属于人力资源部人脑系统的工作，这时可以把人力资源部作为研究对象，如图2-8所示。

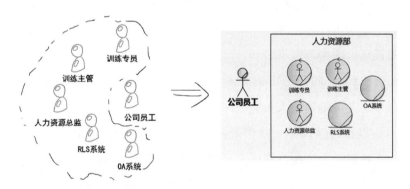

图2-8 把大多数可能被替换责任的系统圈在里面

请注意上面的用词，"大多数可能被替换责任的系统"，而不是"大多数系统用户"。因为此时待引入系统的边界尚未确定，不能先入为主地把某些人脑系统称为用户（本书后面会说到，不是"用户"，而是"执行者"）。系统要做的改进和训练专员的工作有关，不代表训练专员一定是该系统的执行者,也许人力资源总监会觉得把训练专员的全部责任转移到新电脑系统可能是更好的方案,这样,业务流程就不需要训练专员的参与了。

所圈定的范围大小和老大的职权范围相关。如果老大只是人力资源总监,把整个公司作为研究对象就太大了;如果老大只是大学里面某个学院的院长,把整个大学作为研究对象就太大了。

在定位机构范围和老大的时候,思维是逐步逼近的。最开始机构中的某个涉众(可能不是老大)提到要做一个什么系统,还提供了一些模糊的目标,建模人员根据这些素材推敲到机构范围,再定位老大,揣摩老大的愿景,再从愿景来判断之前的范围是否要调整。如果范围变化,老大可能要再做调整……循环往复,逐步逼近(见图2-9)。

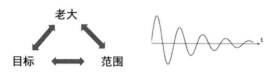

图2-9 逐步逼近真正的老大和愿景

错误一:目标机构的IT主管是老大

很多时候,开发团队并不能常见到真正的机构负责人,常见到的干部可能是该机构下属的IT部门主管,头衔可能是"信息中心主任"。这个IT主管平时从事的也是计算机或软件方面的工作,大家一见面,大谈特谈"微服务架构、大数据、云计算……",业务方面却难得深入讨论。

IT主管不是老大,因为系统要改进的不是目标机构IT部门的流程,而是业务部门的流程。所以,老大应该是业务部门主管或机构负责人,视系统改进波及的范围而定。当然,如果改造的就是目标机构IT部的流程,那就另当别论了。我们谈论项目中的涉众时,很多时候简单地划分为甲方乙方,这是不够的。要看涉众实际做的工作,甲方的IT部门其实也是"乙方"。

💡 以看病做类比。患者病情比较严重或者患者不便交流的时候,和医生频繁打交道的可能是患者的家属,但切不可因此把患者家属架上手术台。

错误二：机构之上的大领导是老大

例如，要做一个系统，改进某大型电商企业仓储部门的拣货效率问题，把老大定为该电商集团公司董事长，就选得不合适了。大领导是大，可是大领导脑子里关心的是一个集团、一个市、一个省甚至一个国家的指标的改进，不关心具体某个软件系统给某个小局部带来的改进。大领导的某些期望，可能适用于成千上万个系统，无法直接指导建模人员寻找和过滤特定系统的需求。

大领导作为老大，也不符合我们之前提到的"爆炸法"。例如，向国家领导人推销所开发的系统，如果成功了，当然回报最大，问题是推销时能向国家领导人说什么呢？说"提高了拣货效率"？国家领导人关心的是国家层面上的"GDP""通胀率""就业率"等指标，所以推销词只能说"可以为GDP做贡献"，而这句推销词适合上百万种产品，国家领导人能从这么多"为GDP做贡献"的候选者中挑中你的系统的概率微乎其微！

大领导可能也会对某个小局部提出要求，但这种情况下也要从大领导关注的机构范围层面上领会其中的精神，而不是简单认为大领导说的就是这件小事。例如，国家领导人到上面提到的那家大型电商企业视察，对仓储部门的某台自动拣货机很感兴趣，还即兴发表了重要讲话。不能说这台自动拣货机的老大就是国家领导人，也不能简单地认为国家领导人说的话仅仅是针对这台自动拣货机或针对这家大型电商企业。

错误三：谁出钱谁就是老大

改进的资金有各种各样的来源，但不能说谁出钱最多谁就是老大，还要选择要改进的机构，把它作为研究组织，其负责人是老大。出钱的各方可以作为老大下面的各种涉众，他们的利益也是要考虑的。

还是以看病做类比。患者治病的钱可能是自己出，也可能是家属出，政府出，同房病友捐赠，甚至由医院免单。不管怎样，上手术台的还是患者。

错误四：把其他涉众当作老大

有的时候需求人员把老二老三当作了老大，这种错误要分两种情况看。

如果需求人员已经尽力去调研和思考，只不过高层人员之间的微妙关系以及决策的来源确实比较难探究，那问题不大，毕竟已经尽力，总比没想过这个问题要好得多，也许我们的竞争对手根本没想过这个问题，或者把老八当成了老大。

如果需求人员出于偷懒，一发现自己能接触到的某个人比较有权力，就干脆把他当老大以求尽快完成任务，这就不应该了。

就像考试一样，试卷难度大没关系，只要尽力了就好，因为对手也难，竞争态势没有变化。如果偷懒没尽力，那就不好说了。

既然这里提到了"其他涉众"，那就多说几句。愿景只关注老大的目标，不代表不考虑其他人的目标，只是现在先放下，后面再考虑。其他人的目标叫做涉众利益。愿景实际上就是系统最重要涉众的利益。

涉众，指受到系统影响的各种人。拿拍电影做类比，需求像电影剧本，涉众像电影观众。剧本只有一份，观众却各不相同，即不同观众的欣赏角度和口味不同。鲁迅说过：一部红楼梦，经学家看见《易》，道学家看见淫，才子看见缠绵，革命家看见排满，流言家看见宫闱秘事。

软件系统也是如此。以本章开头举的生产执行管理系统为例，老大制造部王部长关注的是"缩短从接到市场部订单到交付产品的时间周期"，车间工人更关心"我这个岗位的工作量会不会增加"，库管员可能担心"以后不好搞手脚"。

如图2-10所示一部戏应该演什么内容，不是由演员决定的，而是由台下各种观众的口味角逐而定。观众按照重要性排排坐。这部戏先要照顾第一排观众的口味，然后再照顾第二排观众的口味……同理，软件系统也要依次照顾各排涉众的利益。涉众利益之间的冲突和平衡，决定了系统的需求。对于实在照顾不到的后排涉众，很多时候只好抱歉了，这个系统可能会损害你的利益。

当然，演员也可以充当观众，甚至有的大牌演员还能坐在前排，影响剧本的部分内容。

图2-10 演员（执行者，Actor）在台上表演，观众（涉众，Stakeholder）在台下看

涉众利益的介绍先说到这里，在本书后面的第6章"需求之系统用例规约"和第7章"需求启发"中，还会详细谈到涉众利益的细节问题。

2.2.4 定位情况3：定位目标机构

第三种情况，系统是为某一类机构服务。那么，除了第二种情况中要做的工作之外，还需要插入一步：定位目标机构。定位目标机构的思考方法和定位目标人群的思考方法是一样的。

要做一个电子病历产品卖给医院，说"客户是医院"肯定不够。医院也一样越来越细分，有大型三甲医院，也有二级医院、中心卫生院，甚至社区卫生服务中心……还有根据性别细分的男子医院、女子医院，根据人体器官细分的口腔医院、肝病医院、肛肠医院……还不要忘了国外的医院，美国的JHH、Mayo、乌干达的@％&、孟加拉的&￥#……通过类图比较属性值，慢慢缩小范围，最终定位具体的医院，例如"大兴中医院"（见图2-11）。

可能有人会担心，哎呀，要是我们只关注"大兴中医院"，那"协和医院"的需求是不是漏掉了？问题是，"大兴中医院"想要的都还没有满足，去想"协和医院"干什么？认为需求"漏掉"的想法是幼稚的。需求是一口深井，永远做不完。只要您愿意，可以满世界去调研所有医院，甚至不用调研，拍脑袋就可以得出上万条"需求"。

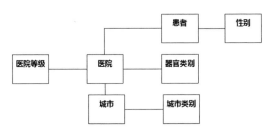

图2-11　通过类图帮助定位目标机构

和定位目标人群一样，在定位目标机构的时候，也要警惕自己是不是犯了"吃窝边草"的错误。例如针对上面提到的电子病历产品，错误的做法是轻易地把目标机构定位本地比较熟悉的一家医院，却没有进一步思考这家医院是否是最合适的医院。

这个方面，我印象最深的就是"新桃源酒家"。和开发团队讨论他们的餐饮系统，同样要问到"哪个餐馆最像系统所针对的餐馆"的问题，开发团队的同事答"新桃源酒家"。问桃源酒家在哪，就在公司旁边。投真金白银去做一个系统，目标组织不知不觉定义成"地理位置离开发公司最近的餐馆"，多可惜。应该放开眼界，认真思考，如果思考结果指向兰州的某家"兰州料理"店，应该毫不犹豫地飞过去调研。

也许有人会说："哈，说得轻巧，公司要生存，刚好我爸是李刚，和本地的客户有关系，先把窝边草给吃了活下来再说。"这样的想法也没问题，只是必须承认当前我们所做的系统是一个给那个窝边草客户定制的系统（项目），而不是自欺欺人地假设自己在做非定制系统（产品）。当然，在分析设计时，考虑将来的复用是没问题的，但在做需求时不能首鼠两端。

2.2.5　其他一些要点

1. 开发团队领导不是老大

建模人员还有一个偷懒的庇护所适用于上面列举的各种情况——老大就是我们开发团队的领导（总经理、研发总监或部门经理等），因为领导让我做什么我就做什么。

这个答案来得太容易了,不需要思考,而且放之四海而皆准。这样的答案对做出好卖的产品没有帮助。这个时候,还是要进一步揣摩领导心中的目标客户是什么样子,而不是简单地把自家领导当成客户。自家领导不是老大,他是决定老大的人。

用前文提到的"爆炸法"来思考,自家领导就是在您身上绑炸弹让您去卖东西的人,您居然还想把东西卖给他,好傻好天真啊!

当然,开发团队成为买方的时候,领导就是老大。例如,购买**开发工具**,购买**开发技术培训服务**,购买**这本书**……不过这时开发团队已经不再是"开发团队"了。针对上面列举的这几个研究对象,它们的"开发团队"是工具厂商开发团队、培训教育机构和本书作者。

这里说的"购买"是广义的,不仅是付出金钱,也可以是付出声誉、官职、时间等。我没有付钱给微信和Google,但确实是在花我最宝贵的"时间"来使用它的服务。

"投币法"可以帮助需求人员排除开发者自身的影响,不仅有助于找老大,也有助于在后面的需求工作中排除设计的干扰。

> **投币法**
>
> 为了锁死人类的软件技术,三体人派出智子(参见刘慈欣小说《三体》)监控所有软件开发人员的行为,一旦发现某人有编制软件的行为,将在该人的大脑中产生长达十分钟的电击信号,让其痛不欲生。为了使将来的奴隶——人类的生活不至于倒退,三体人在地球上安放了很多软件开发机。只要对着开发机说清楚软件的功能和性能并投币,开发机将生成所需软件并部署好。

2. 人群和机构,谁是战场

要开发一个系统挑战新浪微博,或者思考新浪微博应该提供什么新功能,研究的目标组织应该怎么选?很多人在不知不觉中会把新浪公司作为研究组织,但这意义不大,因为研究新浪公司的内部流程对思考系统的需求没有太多价值。正确的做法是把目标人群——明星大V人群作为研究组织，然后从里面挑出最像明星大V的明星大V作为老大，例如苍井老师。

不过，要观察苍井老师及其团队的运作，难度是比较大的，所以很多时候建模人员就害怕了，千方百计要退回来研究新浪公司。这相当于在黑暗的地方丢了钥匙，却到明亮的地方找，只是因为这里亮堂。

针对正式机构可能已经有很多人做过严肃的建模，而针对松散的人群，这方面资料要少很多，许多改进点只靠拍脑袋发现。所以，对松散的"目标人群"做业务建模，是创业很好的入手点。

当然，如果要改进的是新浪公司内部的运营工作，把新浪公司作为研究对象是合理的。总之，关键战场在哪里，就把它作为研究的对象。

一般来说，公司初始阶段，关键是要把客户从竞争对手那里抢过来，强调"出奇"，这时定位的战场可能是目标人群；公司发展到成熟期，就要开始练内功，强调"守正"，这时定位的战场可能是公司内部。

3. 人群和人群，谁是战场

还是以上面的新浪微博作为例子。运用"投币法"，我们知道苍井老师只关心这个系统的功能和性能能否高效地帮她向粉丝散播魅力，不关心这个系统是路上捡到的，还是新浪、搜狐甚至是外星人开发的。把运营的公司隐去后，系统连接的两端都是人群，这时问题就更微妙一些：哪个人群是战场？

更为稀缺的人群的头脑应优先选为战场。新浪微博能够击败其他微博，很大部分原因是攻克了明星大V人群的大脑（可能是用金钱），让他们在新浪开微博，粉丝也就闻风而至了。

再例如做一个在线看病的平台，一端是患者，一端是医生，谁的大脑是兵家必争之地？我想在某些发展中国家应该是医生，因为穹顶之下不缺好患者，缺的是好医生。

这里可能会有建模人员说，战场在哪里弄那么清楚干什么，我全面开花不行吗？好吧，就算资源充足，要全面开花，那也得告诉我进攻的第一炮打向哪里吧！许多建模人员的老爸不是李刚，却有"如果我爸是李刚"

的思想和做派,这是很可悲的。

★"如果"二字害人不浅。建模人员嘴皮子一动,就把很难的前提条件当成已经存在的了——"如果时光可以倒流"、"如果我是皇帝"。

★在给某单位做一个内部项目时,建模人员A自作主张加进去一些用例。我认为这些用例和客户的愿景关系不大,可以去掉。A反问道:如果做一个通用的产品在市场上卖呢?"如果"!是否做通用产品,这可是一个重大的商业决策,建模人员却认为将这个系统变成通用产品拿到市场上卖(目标组织变了)是一件轻而易举的事情。事实上,这涉及整个愿景的转变,甚至公司战略的转变,而且需求受影响的可能不只是当前这个系统。市场是残酷的,谁吃肉谁喝西北风,可不能随便"如果"。

★我听过的最让人震惊的"如果"是关于敏捷的一个宣传。在喊了"唯快不破"等鼓舞人心的口号后,说了这样一句:如果允许新手一次走两步,他甚至可以击败象棋大师(现在应该改为击败AlphaGo了)。一股"普天之下皆我妈"的味道。

4. 老大可以变化吗

当然可以。一个战场搞定之后,军队奔向第二个战场。或者说,根本不存在变化的问题。老大、愿景、需求都是基于现状寻找最值得的改进。改进过后,又是新的现状了,还是基于现状寻找最值得的改进。进一步也可以说,需求只有真假对错,没有变化。说需求有变化,那是从一个静止时间点来看的。

本书不提供练习题答案,请扫码或访问http://www.umlchina.com/book/quiz2_1.htm完成在线测试,做到全对,自然就知道答案了。

1. 一家航空公司把自己定位为"低价的快乐航空",那么以下做法不合适的是_____。

　　A)不提供机上餐饮,只提供花生米和水

　　B)在机舱里撒彩纸屑庆祝乘客生日

　　C)模仿唐老鸭的嗓音讲解乘机规则

　　D)所有飞机用同种机型

2. 以下是一位初中数学老师某天的工作描述。

　　6:45—7:10 坐K566公交到学校

　　7:10—8:00 挑出一些几何课的图,交代课代表在黑板上先画好,整理教学工具、课件U盘

　　8:10—8:50 上午第一节课(3班几何)等腰梯形,导入课程,内容展开

　　9:00—9:40 上午第二节课(3班几何)等腰梯形,巩固练习,小结,布置作业,抽空批改之前作业

　　9:40—10:10 课间休整

　　10:10—10:50 上午第三节课(4班几何)等腰梯形,导入课程,内容展开

　　11:00—11:40 上午第四节课(4班几何)等腰梯形,巩固练习,小结,布置作业,抽空批改之前作业

　　11:40—13:00 午餐、午休

　　13:00—14:30 批改作业。课代表送作业上来,摊开摆好,一本本批改,给分

　　如果做一个系统改善该老师的工作,这个系统最应该提供的功能是_____。

　　A)把书上的图复制到黑板上,动态添加和清除辅助线

　　B)扫一下作业自行给出得分

　　C)统计作业和测试情况

　　D)信息不足,看不出来

3. 如果有一位程序员告诉您说"我在做一个Python项目",这时您应该想到_____。

　　A)他可能从自己的角度定义所做的项目

　　B)Python怎么这么火,我也要学

C）编程语言背后的道理是一样的

D）还是我做的Java需求量大

4. 请把左侧功能类似的不同软件系统和右侧不同的老大画线对应。

1. 微信　　　　　　　　　a. 发达公司销售总监侯总
2. QQ　　　　　　　　　 b. 意见领袖任大炮
3. 微博　　　　　　　　　c. 武汉市滑坡路小学学生黄艺博

A）1-a，2-b，3-c　　　　　B）1-a，2-c，3-b
C）1-b，2-a，3-c　　　　　D）1-b，2-c，3-a
E）1-c，2-a，3-b　　　　　F）1-c，2-b，3-a

5. 请把左侧功能类似的不同软件系统和右侧不同的老大画线对应。

1. Rational Rhapsody　　　a. 青华大学软件专业学生王思葱
2. Enterprise Architect　　 b. 生产战斗机的LoMa公司研发总监Pony Ma
3. StarUML　　　　　　　c. 生存下来进入发展期的京西购物网研
　　　　　　　　　　　　　　 发总监李总

A）1-a，2-b，3-c　　　　　B）1-a，2-c，3-b
C）1-b，2-a，3-c　　　　　D）1-b，2-c，3-a
E）1-c，2-a，3-b　　　　　F）1-c，2-b，3-a

6. 以"微信多开"app为研究对象，以下对老大的定位最贴切的是_____。

A）微信用户张大龙

B）山水集团董事长高小琴

C）阿尔法公司销售经理郑乾

D）"微信多开"app研发团队领导张多龙

7. 研发部要添加一名C#程序员，由人力资源部负责出面招人，请问针对这名C#程序员（一个人脑编程系统），老大是_____。

A）人力资源部经理　　　　B）研发部经理
C）公司总经理　　　　　　D）C#程序员

8. 请针对曾经红极一时的"快播"软件，按照本书图2-7画出客户的类图，并推测出"快播"的老大。

2.3 【步骤】提炼改进目标

一份愿景中,改进目标可以是一个,也可以是多个。改进目标应该是可以度量的。我把愿景相关的概念画成类图,如图2-12所示。

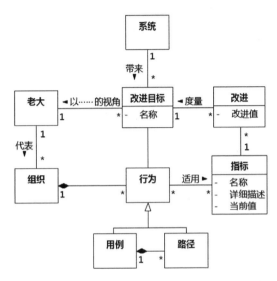

图2-12 愿景相关概念的类图

2.3.1 改进目标不是系统功能需求

改进目标是"系统改善组织行为的指标"而不是"系统能做某事(系统的功能)"。请比较图2-13左右两列的内容。

像目标的表述	不像目标的表述
提高回访订单转化率	建立一个CRM系统
减少每张处理订单需要的人力	提供自助下单功能
缩短评估贷款风险的周期	能够对贷款申请作风险评估

图2-13 改进组织行为的指标,不是做某事

改进目标和系统功能是多对多的:一个改进目标可能会带来系统的多个功能,一个系统功能可能覆盖多个改进目标。图2-14中,"提高防汛决

策准确度"是改进目标,不是功能。系统没有提供这样一项功能,领导输入一个准确度数值,确认,防汛决策准确度"duang"的一下就提高了。只有在各个岗位分别使用系统的"查看云图""上报水库运行情况"等功能之后,"防汛决策准确度"这个指标才能得到提高。

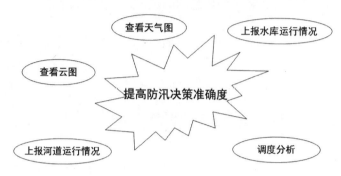

图2-14 改进目标与系统功能

比起拍脑袋胡说系统有什么功能,要得到可度量的改进目标更加困难。当目标组织是正式机构时,老大可能是公司管理层或政府官员,日程安排很紧张,需求人员不可能经常接触到他。如前文所说,代表机构和需求人员接触的接口人是"甲方信息中心主任"这样的人,需要通过或绕过接口人去揣摩真正老大的意思。

就算有机会接触到机构负责人,可能会发现他说的话比较"艺术",这是他用来展示控制权的方式,也是辨别手下人是否和自己一条心的手段。需求人员依然需要通过各种手段揣摩老大云雾缭绕的话语背后的度量指标。需求人员可以阅读老大的其他讲话、报告,咨询老大派来的接口人,也可以求助本方高层——同样的一句话,小兵思维层次不够高,觉得云里雾里,也许高层早已洞若观火了。

如果老大是人群的代表,有时还是比较好接触到的。例如要做面向民工的"黑米"手机,老大是民工中的民工,一顿烧烤就可以让他尽吐真言。不过事情依然很困难,这位民工中的民工虽然容易亲近,却不能清楚地表达自己存在的问题和改进目标,需要需求人员认真去倾听和观察,体察他的痛苦。这个问题我们在第7章"需求启发"中还会再说到,"涉众会做但不会定义"。

这些揣摩技能，我们每个人都有。我们每天都在揣摩上司、同事、配偶的意思，只不过现在要把这项技能用在软件开发上。设想一下，如果不是开发软件，而是给目前单身的老大介绍个相亲对象。老大说："帮我找个条件不错的"，您不也得从老大的角度揣摩"不错"的度量指标吗？老大更看重的是脸、身材、皮肤、性格、学历、家底？切不可因为自己喜欢凤姐，就给老大带个凤姐回来。

有时建模人员说："哪有什么度量指标啊，我们做的那个系统就是个政绩工程，客户领导去××省考察回来，说××省有一套××系统，我们也要有！"其实，"政绩"二字本身就隐含着数字的概念，政绩工程也一样有度量指标。需求人员仍然需要好好去揣摩：老大关心什么样的政绩指标？"揣摩上意"本来就是某些体制下官场的基本生存技能。

思考度量指标，可以用以下方法。

针对形容词来思考符合这个形容词和不符合这个形容词的情况。例如，目标里有个形容词"规范"，我们可以问：目前怎么个不规范，请举一个最头痛的例子。如果改进之后，老大觉得规范多了，那是什么样的情况？通过这样追问，得到"规范"的度量是"格式不合格的报表所占的比例"。类似的度量还有：

方便——完成一张订单的平均操作次数

高效——从受理到发证的时间周期

从初步设想的解决方案倒推。可以这样思考：如果没有这个解决方案，涉众要付出什么代价？例如，初步的解决方案是做一个手机上审批费用申请的app，可以反过来问"如果没有这个app，可能会怎样"，"领导不在办公室时不方便审批"，那么度量指标可能是"平均审批周期/领导不在办公室的时间"。最终的解决方案未必是手机app，要是能打个响指，空中飘来一朵云，领导在云上划拉两下就行，谁耐烦带个手机弄得鼓鼓囊囊的呢？

借鉴机构的KPI（关键绩效指标）。很多机构都归纳了自己的KPI，所研究系统可能就是改进其中的一部分，借鉴过来就可以（见图2-15）。

序号	KPI指标	考核周期	指标定义/公式
1	新产品工艺设计任务完成准时率	季/年度	$\dfrac{实际设计周期}{计划设计周期} \times 100\%$
2	工艺试验及时完成率	月/季/年度	$\dfrac{按时完成工艺试验次数}{工艺试验总次数} \times 100\%$

图2-15 某部门关键绩效指标

2.3.2 改进目标不是系统的质量需求

改进目标针对的是组织某个行为的指标，而不是系统行为的指标。要从组织的视角去看系统对于组织的意义。如图2-16所示，系统的一项质量需求可能是"从接收到请求到回应的时间应在2秒之内"，这是对系统行为的度量。愿景的改进目标是思考在组织的视角之下这条需求的意义，可能是"缩短申请的平均审批周期"，如图2-17所示。

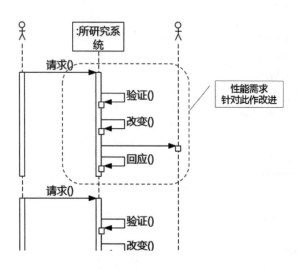

图2-16 系统的质量需求是对系统行为的度量

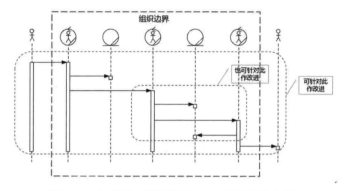

图2-17 组织的改进目标是对组织行为的度量

2.3.3 改进是系统带来的

有的建模人员"大彻大悟",说"老大的目标就是为了赚更多钱,当更大官……不管什么系统,万变不离其宗"。没错,老大最终就是想升官发财,但这个回答是"正确而无用的废话",对于探索系统的需求没有帮助。目前官当得不够大、赚钱还不够多的原因可能有很多条,而每条原因又有各自的若干原因。很可能所研究系统能解决的仅仅是"赚钱少"这个大问题的原因的原因的原因中的一到两条。

例如,"移动病区护士系统"的愿景一开始如图2-18所示。

```
系统:
移动病区护士系统
老大:
Z大学附属第*医院院长 张**
目标:
*减少医疗事故
```

图2-18 过大的目标

"减少医疗事故"这个目标过大了,适用于各种各样的改进(包括更换另一种品牌的手术器械),没有"移动病区护士系统"特有的味道。改为图2-19的内容更合适。

第2章 业务建模之愿景

```
系统：
移动病区护士系统
老大：
Z大学附属第*医院病区护士长 李**
目标：
*减少错误执行医嘱事件的发生率
```

图2-19　恰当的目标

如何定位系统能带来的恰如其分的改进目标，可以使用管理学中的"鱼骨图"来帮忙，如图2-20所示。

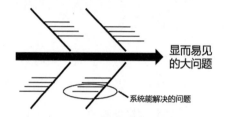

图2-20　鱼骨图帮助定位真正的问题

UML中没有鱼骨图，可以用类图代替，如图2-21所示。

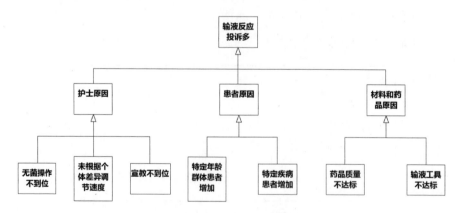

图2-21　类图代替鱼骨图

2.3.4　改进目标应来自老大的视角

改进目标描述的是系统给目标组织带来的改进，应该从老大和目标组织的视角来定义。不过在实践中，需求人员会觉得要揣摩老大的目标太难，不知不觉就把它改成开发团队的目标。这种"目标"通常如下：

一年以内，网站的会员达到一千万；

系统的市场占有率达到40%。

这种不费吹灰之力得到的"目标"没有意义——你想会员达到一千万就能一千万吗？需求人员要动脑筋思考，系统必须在哪些地方给目标组织带来竞争对手所无法达到的改进，例如：

"YP网"的目标是剩女发起相亲的平均成功率达到60%以上。

这样，目标组织（上面这句话就是剩女人群）才会乐意引进这个系统。

2.3.5　多个目标之间的权衡

如果愿景里只表述了一个改进指标，那么可以默认其他指标是不变的。不过，有的时候老大的改进可能会有多个目标（当然也带来了多个指标），而且目标之间还有可能会产生冲突。这时，需要对目标排序，揣摩出老大首要关心的目标。

例如，一个给地产经纪计算佣金的系统，老大要求在尽可能短的时间内计算出佣金，同时计算要准确，每一步的操作过程事后可以追究。这几个目标是有冲突的，要"准确"，要"每一步可以追究"，"快"就要受到影响。经过揣摩，发现老大最看重的是"准确"。在计算规则不断变化的情况下，也不能出任何计算错误，否则导致分配不公，影响经纪人的工作积极性。了解了这一点，就会意识到最开始设想的解决方案是有偏差的，这个系统的实现不需要精美的图形界面，但是规则的调整要灵活，而且不能出错。

本书不提供练习题答案,请扫码或访问http://www.umlchina.com/book/quiz2_2.htm完成在线测试,做到全对,自然就知道答案了。

1. 1999年11月的《财富》杂志题为"20世纪企业家"的文章,评选出了最能代表20世纪企业家精神的企业家福特汽车的Henry Ford。另外三位候选人是通用汽车的Alfred Pritchard Sloan Jr.、IBM的Thomas John Watson Jr.和微软的William H. Gates Sr.。

请问,按照本书对愿景的定义,Henry Ford以下哪句话最像福特汽车公司的愿景?

   A)让每个家庭都拥有一辆汽车。

   B)让普通大众更经常和家人去兜风。

   C)尽可能提高质量,尽可能降低成本,尽可能提高薪水。

2. 某年某月的某一天,祁同伟厅长给赵东来局长下了指示:"东来啊,我们要加强对扫黄工作的管理。"作为一名需求人员,想要用本章知识剖析祁同伟厅长的指示,最应该做的是_____

   A)针对"强"揣摩祁同伟的度量指标。

   B)置之不理,祁同伟不是老大。

   C)针对"黄"揣摩祁同伟的度量指标。

   D)仔细查阅扫黄的有关法规,严格执行。

3. 做一个研发部内部使用的"统一开发平台",以下长得像愿景的是_____。

   A)建立一个统一开发平台　　B)为公司赚取更多的利润

   C)提高代码复用率　　　　　D)开发人员可以在平台上开发软件

4. 平时建模人员使用的词汇中,有许多是含糊不清的,背后隐藏的问题是对一些软件工程概念的认识不清楚。请问:以下哪些词汇是不合适的?(本题可多选)

A）用户需求　　B）系统需求　　C）开发需求　　D）需求分析
E）涉众利益　　F）涉众需求　　G）业务需求　　H）设计需求

2.4 【案例和工具操作】愿景

UMLChina业务系统的愿景，如图2-22所示。

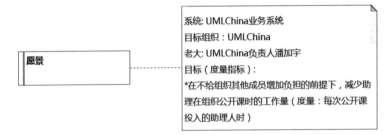

图2-22　UMLChina业务系统的愿景

【步骤1】展开**业务建模**包，双击**愿景**图。在工具箱中的Requirements的Extended Requirements组选取 ☑ Business，单击图左侧空白处。双击刚添加的"BusinessRequirement1"，将名字改为"愿景"，在属性框的Note栏输入以下文字，如图2-23所示。

系统：UMLChina业务系统

目标组织：UMLChina

老大：UMLChina负责人潘加宇

目标（度量指标）：

*在不给组织其他成员增加负担的前提下，减少助理在组织公开课时的工作量（度量：每次公开课投入的助理人时）

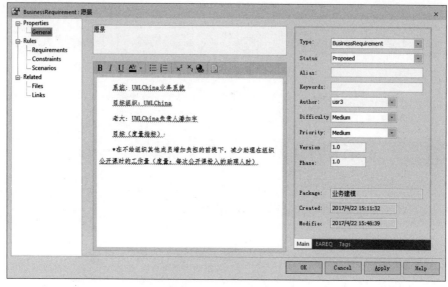

图2-23 添加愿景

【步骤2】在工具箱中的Common栏选取 Note ，单击愿景右侧空白处。拖动新添加的Note的右上角的快捷箭头到愿景，可以看到注释框和愿景建立了链接（见图2-24）。

图2-24 添加注释框

【步骤3】右击链接，在快捷菜单选择Link this Note to an Element Feature，在对话框的Feature Type栏选择Element Note，单击OK。调整注释框大小，使得刚好容下内部文字（见图2-25）。

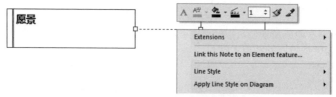

图2-25 用注释框显示愿景内容（1）

图2-26　用注释框显示愿景内容（2）

> 一样的月光，一样的照着新店溪。
> 《一样的月光》；词：吴念真、罗大佑，曲：李寿全，唱：苏芮；1982

第3章 业务建模之业务用例图

3.1 软件是组织的零件

有了愿景，我们知道老大对他所代表的组织的现状的某些指标不满意。接下来就可以研究组织，弄清楚到底是组织的哪些环节造成了这些指标比较差，这就是业务建模（Business Modeling）的主要内容。

"业务建模"这个名字其实起得不好，应该更名为"组织建模"。出于对过去叫法的尊重，本书依然称为"业务建模"。

> **含糊的"业务"**
>
> "业务"这个词在软件开发团队中使用得很频繁，例如"我是一名业务架构师""我们要了解业务"，等等，但是往往说话的人未必真的理解话中的"业务"具体指什么。
>
> 有时候"业务"指"核心域知识"。开发人员假装谦虚"我是做技术的，业务不太懂哎"，就是这个意思。甚至有的开发人员在潜意识里是这样划分的：我懂且我感兴趣→技术；我懂但不感兴趣→业务；我不懂但感

兴趣→高科技；我不懂且不感兴趣→忽悠。

> 有时候"业务"指"组织级别的知识"。例如，"业务建模""业务用例""业务流程"说的就是组织级别的知识。

对于软件开发来说，业务建模的目的是为了得到待引进软件系统的需求。软件系统只是组织的一个零件。组织里面还有很多系统，其中最值钱的是千百年来一直在使用，现在依然是最复杂的系统——人脑系统，它由"父母公司"开发，"老师公司"不断升级，组织以每人每月几千上万的租金租用。为了让组织更好地对外提供价值，不一定要引进新的软件系统，有时换新人更管用。

开发人员有时会有意无意把自己的系统想得太重要，还喜欢起××云平台等很牛的名字，以为没有他们开发的系统，组织就玩不转了。有一次我到北京某公司讲课，开发人员在写某信贷风险系统的愿景时写道：本系统的目标是，银行风险部能够对贷款做风险评估。我问道：难道银行以前不能做风险评估吗？他认真地回答：不能啊，有我们的系统才行！其实想想就知道，银行都成立多少年了，该公司才成立几年？所以为了抵消开发人员这种"致命的自负"，有时我会故意将"系统"称为"马桶"，意思是这个零件和组织厕所里的马桶没有本质区别。

开发团队经常发现需求"容易变化"。根源之一是需求的来路不正，没有把系统当作一个零件放在组织中来看，靠拍脑袋得出需求，导致得到的系统需求是错。系统投入使用后，发现和组织的其他零件格格不入，自然要改。"需求变化剧烈"是一个假象，真正的需求没有变，只不过一开始得到的需求是假的。如果能正确运用业务建模技能，"需求变化"就会消于无形。

在业务建模工作流，我们从内外两个视角来研究组织。从外部看，组织是一些价值的集合，我们可以用业务用例图表示；从内部看，组织是一些系统的集合，我们可以用业务序列图来表示，如图3-1所示。

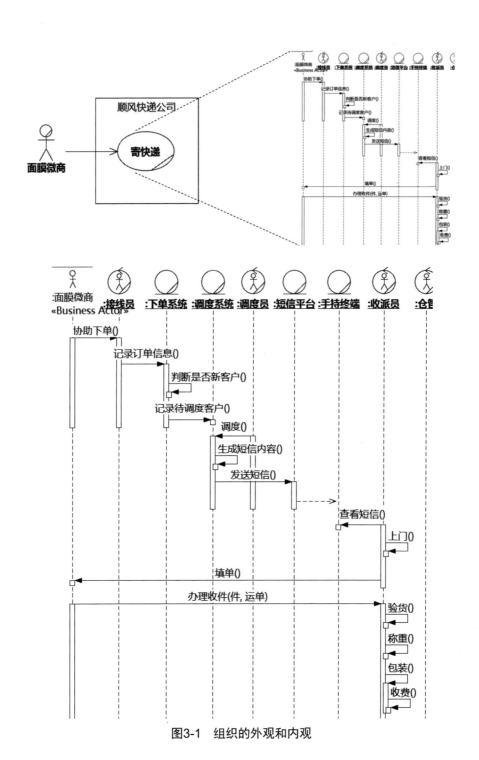

图3-1 组织的外观和内观

第3章 业务建模之业务用例图

3.2 【步骤】识别业务执行者

3.2.1 业务执行者（Business Actor）

以某组织为研究对象，在组织之外和组织交互的其他组织（人群或机构）就是该组织的执行者。因为研究对象是一个组织，所以叫业务执行者。

以一家商业银行为研究对象，观察在它边界之外和它打交道的人群或机构，可以看到储户来存钱，企业来贷款，人民银行要对它作监管……这些就是该商业银行的执行者，如图3-2所示。

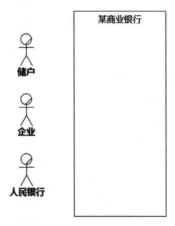

图3-2　业务执行者

业务执行者的图标是一个小人，头上有一道斜杠，这个带斜杠的小人实际上是一个执行者的构造型<<Business Actor>>的图形表示，Rational工具和EA里都有。如果您使用的UML工具没有这个图形，可以用执行者的小人图标加上文本构造型<<Business Actor>>取代，或者不加构造型也无所谓，因为边界框已经表明了研究对象是一个组织，它的执行者自然是业务执行者。

3.2.2 业务工人和业务实体

组织内的人称为业务工人（Business Worker），例如某商业银行里面的营业员。业务执行者和业务工人的区别是：一个在组织外面，一个在组织里面；一个是组织不可替换的服务对象，一个是组织可以替换的零件。

💡 经常有人会提到在家上班、在客户处上班、某些岗位人员的工资和保险由外包公司负责等"特殊情况"，其实这些情况没有什么特别，因为组织内外的边界是以责任划分，而不是物理位置。关于以责任划分边界，第五章会再详细讨论。

业务工人是可以被替换的人脑零件，它可能会被其他业务工人替换，但更有可能被业务实体（Business Entity）替换。业务实体是组织中的非人智能系统，例如银行的ATM、点钞机、营业系统。

在没有点钞机的时代，储户拿着一摞钞票到银行存钱，营业员需要凭着手感（界面层）一张张数，触摸信号传到大脑（核心域层），大脑要很快判断钞票的真伪和计数。验钞、计数的逻辑封装在营业员的大脑里，营业员非常累，而且营业员要有经验，小白是干不了的。这样，人力成本高了很多。

有了点钞机，营业员只需要把整叠钞票放进点钞机过一下，点钞机会负责验钞和计数。也就是说，验钞和计数的逻辑从人脑转移到了点钞机的"大脑"，如图3-3所示。营业员轻松了，或者说，银行也就不需要那么多有经验的营业员了。许多信息化程度很高的领域，绝大多数领域逻辑目前已经运行在业务实体中，业务工人主要负责输入信息。银行所属的金融领域就是如此。

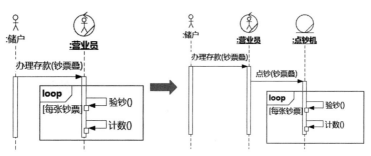

图3-3 逻辑从营业员的大脑转移到点钞机的"大脑"

责任转移的思想对识别待引入系统的需求很有帮助。开发人员说，"我在开发一个新系统"，其实说的就是"我在开发一个新的业务实体，取代现有业务工人或业务实体的一些责任"。这样，探索需求的思路就出来了——我们画好现状的业务序列图，然后寻找改进点改进业务序列图。在改进的业务序列图上，从外部指向所研究软件系统（业务实体）的消息，可以直接映射为该软件系统的用例，如图3-4所示。

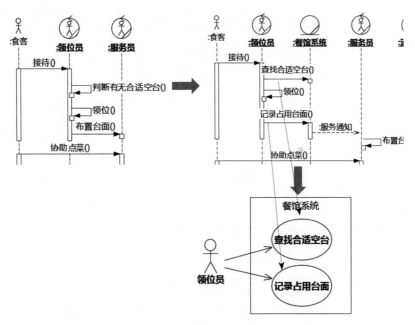

图3-4　改进业务序列图，映射系统用例

业务工人和业务实体不在业务用例图中出现，因为它们不是组织的价值，而是成本。在识别业务执行者时，不需要画业务工人和业务实体。

在接下来画业务用例的实现——业务序列图的时候，将业务工人和业务实体作为类（Class）的一个构造型，放在名为"业务对象"的包里。和业务执行者一样，如果您使用的工具没有<<Business Worker>>和<<Business Entity>>构造型，可以自己造，或者干脆不要构造型直接用类表示。背后的思想是一样的：类之间通过协作实现用例。组织的业务工人和业务实体协作完成业务用例，系统的类协作完成系统用例。

3.2.3 识别业务执行者

把观察的焦点对准组织的边界，看看边界外有哪些人群或机构会和它交互，交互的姿态可以是主动的，也可以是被动的；交互的形式可以是面对面，也可以是发邮件、发微信……这些外部人群或机构就是所研究组织的执行者。

这里要注意的是，作为观察者的建模人员本身是一个人脑系统，所以在观察组织边界时，直觉上观察到的不是组织之间的交互，而是组织派出的系统之间的交互，但是一定要把它理解成组织之间的交互，因为谈论业务执行者时，研究对象是组织，所以外部对应物——业务执行者也应该是组织。

> 二维生命观察三维宇宙，三维生命观察四维宇宙，同样难度很大。

例如，以某国税局为研究对象，可以观察到企业财务人员到国税局报税，但是业务执行者不是企业财务人员，而是企业。也许某个时期，企业财务人员和国税局窗口人员交互；后来，企业财务人员和国税系统交互；再后来，企业系统和国税系统交互。不管观察到哪两个系统交互，从组织的抽象级别，都应该理解为企业和国税局这两个机构之间的交互，如图3-5所示。

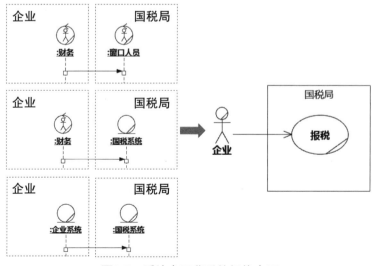

图3-5 系统交互背后的机构交互

同一个机构内部也是如此。如果以一个部门为研究对象，即使观察到的是两个员工之间的交互，也应该找到现象背后的部门之间的交互，如图3-6所示。

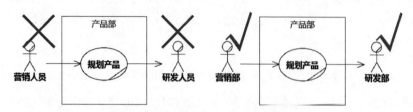

图3-6　部门对部门，一致的抽象级别

有的时候，个人的背后不是机构而是人群。如图3-7所示，参与"组织晚会"用例时，员工并不代表他所在的部门，只是作为员工人群的一分子。

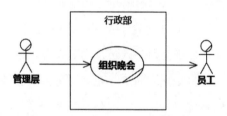

图3-7　个人的背后也可能是人群

如果您之前阅读过一些用例相关的书籍或文章，可能知道"系统定时发生"的事件有时会提炼成"时间"这个外系统作为主执行者的系统用例。不过，如果研究对象是一个组织，"时间"作为组织的执行者是不合适的，应该把时间看作某个外部组织派来的一个接口系统，参见图3-8的水文站定期上报监测数据的例子。

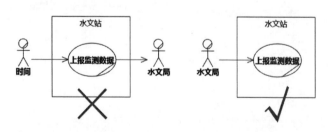

图3-8　时间也是系统，不能和组织并列

在图3-6和图3-7中，有箭头从执行者指向用例，也有箭头从用例指向执行者。前一种执行者称为用例的主执行者，后一种执行者称为用例的辅执行者。例如，图3-6右侧可以这样解读：营销部找产品部帮忙规划产品，产品部仅靠自己的力量不足以完成，需要找研发部帮忙。或者这样解读：营销部向产品部"购买"服务，产品部向研发部"购买"服务。

本书不提供练习题答案，请扫码或访问http://www.umlchina.com/book/quiz3_1.htm完成在线测试，做到全对，自然就知道答案了。

1. 卖饮料有不同吆喝方法，对应了软件开发的工作流，请为以下a）b）c）找出合适的对应选项。

 a）男程序员快来买啊！我可以喝，而且味道不错，保质期又长，便于携带……

 b）男程序员快来买啊！喝了我，老板月月给你加薪，美女疯狂倒追你！

 c）男程序员快来买啊！我这里面有糖、磷酸、咖啡因……

 A）业务建模是a，需求是b，分析设计是c。

 B）业务建模是a，需求是c，分析设计是b。

 C）业务建模是b，需求是a，分析设计是c。

 D）业务建模是b，需求是c，分析设计是a。

 E）业务建模是c，需求是a，分析设计是b。

 F）业务建模是c，需求是b，分析设计是a。

2. 从什么年代开始，银行、政府、商店等机构内部有大量的智能系统？

 A）20世纪80年代   B）20世纪70年代

 C）20世纪60年代   D）早于20世纪

3. 以下不能作为业务建模研究对象的是_____。
   A）屌丝   B）微信
   C）八天连锁酒店有限公司   D）JZ县城管大队

4. 一个组织，从外面看是_____的集合，从里面看是_____的集合。
   A）价值；系统   B）业务执行者；业务用例
   C）业务执行者；业务工人   D）功能；性能

5. 以下说法正确的是_____。
   A）业务执行者在系统外面，业务工人在系统里面
   B）业务执行者在系统里面，业务工人在系统外面
   C）业务工人不能取代业务实体的责任
   D）业务工人可以取代业务工人的责任

6. 以医院为研究对象，针对以下概念正确的说法是（多选）_____
   护士、患者、CT扫描仪、医生、保安、医院信息系统、卫生局
   A）卫生局是业务执行者。
   B）因为保安的社保关系不在医院，保安不是业务工人。
   C）CT扫描仪是业务实体。
   D）医生是业务执行者。

7. 以一家超市为研究对象做业务建模。建模人员观察到：顾客到超市买东西，找收银员结账；收银员会使用超市管理系统来结账，结账时超市管理系统会请求银行系统完成交易。上面提到的名词中，属于超市的执行者的是（可多选）_____。
   A）收银员   B）顾客   C）超市管理系统
   D）银行系统   E）银行

8. 针对以下研究对象，财务人员最有可能是业务执行者的是_____。
   A）某省注册会计师考试委员会   B）某市国税局
   C）公司人力资源部   D）公司财务部

3.3 【步骤】识别业务用例

业务用例指业务执行者希望通过和所研究组织交互获得的价值。以上面提到的某商业银行为例，储户和银行打交道的目的可能有存款、取款、转账，所以银行针对储户的用例如图3-9所示。

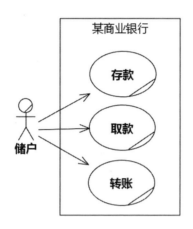

图3-9 某商业银行针对储户的用例

从图3-9中可以看到，和业务执行者一样，业务用例上有个斜杠，表示这是组织的用例。如果工具不提供这个图标，处理方法参照业务执行者。

如果穿越回300年前，图3-9依然适用。业务用例代表组织的本质价值，很难变化，变化的是业务用例的实现——业务流程。300年前，银行要实现"储户→存款"的用例，需要许多人脑系统（业务工人）一起协作，现在则变成了少数人脑系统（业务工人）和许多电脑系统（业务实体）之间的协作。

业务用例刷新了业务流程的概念。我们把业务流程看作是业务用例的实现，将其组织在业务用例的下面。组织内部之所以有业务流程，是因为要实现业务用例。组织里发生的一切都是为了给业务执行者提供价值（见图3-10）。

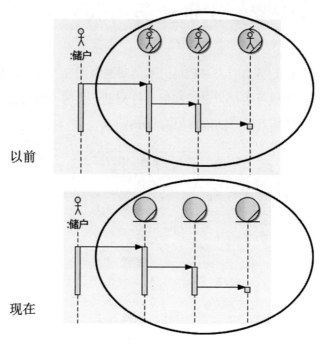

图3-10 用例没变，实现用例的零件变了

这样的思路对改进业务流程有非常大的帮助：先归纳出组织对外提供什么价值，再思考如何更好地优化组织内部流程来实现这些价值，如图3-11所示。

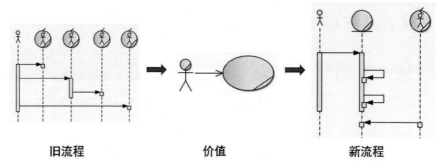

旧流程　　　　　价值　　　　　新流程

图3-11 从价值出发重新构造业务流程

业务用例是组织的价值，不会因为某个人脑系统或电脑系统的存在或消失而改变。所以"这个系统的业务用例是什么"这样的说法是错误的。

3.3.1 正确理解价值

用好用例，关键在于理解"价值"。价值是**期望和承诺的平衡点、买卖的平衡点**。

例如，以医院为研究对象，"患者→挂号"不是用例，因为挂号不是患者对医院的期望和医院对患者的承诺的平衡点。如果挂到了号后医院的服务到此为止，患者到医院来时心中的期望将无法得到满足，或者说医院这个研究对象能承诺向患者提供的价值不是挂号，而是看病。

或者可以这样思考：医院能这样叫卖自己吗？"来呀来呀，我这家医院能挂号呀！"患者一听，"哇，真棒耶，这医院能挂号耶，我赶紧去！"其实患者巴不得不挂号也能看病，只不过人太多了，需要拿号排队。

如果把研究对象改为医院挂号室，"患者→挂号"就是合适的用例。患者对挂号室的期望是能挂到号，不会因为挂号室没帮他看病就破口大骂。挂号室对他的承诺也就是能给他号。

以上提到的正确和错误的用例图，如图3-12所示。

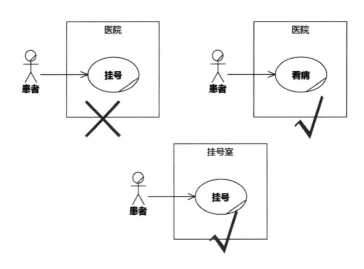

图3-12 期望和承诺的平衡

如果患者在窗口挂到的是明天的号，他离开医院回家了，明天再来医院就诊，那么挂号算不算医院的一个用例呢？仍然是不算的，因为患者心中仍然在期待,这件事情没有完。

（如果患者在家里使用医院的微信公众号挂到了第二天的号,明天再去医院就诊,那么医院的用例图会有变化吗?请读者使用本章前面已经提到的知识点自行解答。）

业务用例是组织对组织的服务,相对于系统为系统提供的服务（系统用例）来说,所需要的时间是比较长的,不能把用例实现过程中的某个交互片段当成用例。如图3-13所示,企业和工商局打交道变更地址的过程中,可能要发生多次交互,但是用例只有一个。

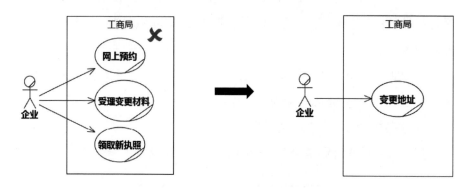

图3-13　业务用例持续的时间比较长

系统用例的持续时间比较短,如图3-14所示。一个典型的执行者使用系统做了某事,达到了某个结果,然后离开系统去做别的事情,如果离开时他心里认为得到目前的结果已经不算白做,就可以把做某事作为一个系统用例。有一些词汇带有浓浓的"系统"味道,例如新增、查看、录入、查询、修改、配置……带有这些词汇的用例,很可能不是组织提供的价值,而是某系统提供的价值。

可能有这样的组织,例如"**情报所",它对外提供的价值就是提供一些信息。即使如此,业务用例名字最好也不要用"查询**"这样软件味道十足的名字,可以写成"了解**"。

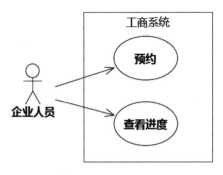

图3-14　工商系统的用例

边界框问题

从图3-12也可以看出，讨论"是不是用例""有哪些用例"的时候，必须先说清楚研究对象，否则讨论没有意义。画用例图时，能加上边界框尽量加上。有的建模工具没有提供这个边界框，可以用一个Note注明研究对象，如图3-15所示。

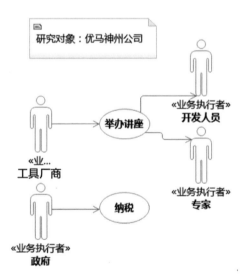

图3-15　没有边界框，用例图也要用Note注明研究对象

也有人觉得没有边界框比起有边界框更能利用更多空间，对比效果如图3-16所示。不过，我建议初学者还是画边界框，以便时刻提醒自己当前的研究对象是什么，熟练的建模人员自便。

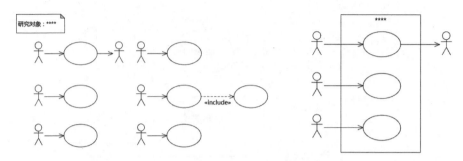

图3-16 有无边界框的用例图布局对比

3.3.2 识别业务用例的思路和常犯错误

识别业务用例有两条思路：一条是从业务执行者开始，思考业务执行者和组织交互的目的；另一条是通过观察组织的内部活动，一直问为什么，向外推导出组织外部的某个业务执行者。第一条路线是主要的，第二条路线用于补漏，如图3-17所示。

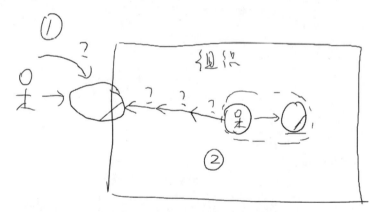

图3-17 识别业务用例的两条路线

识别业务用例本来应该是很简单的事情，但是，许多程序员出身的需求人员受到了以往工作经历的影响，往往把简单的事情变得复杂。下面试列举一些常见的错误。

错误1：把业务工人的行为当作业务用例

例如，以医院为研究对象，有人会画出图3-18。

图3-18　把业务工人的行为当作业务用例

这种情况的出现往往和没有注明研究对象有关。如果用边界框注明了研究对象，如图3-19所示，建模人员就会警觉，收费人员和医生在医院里面，是业务工人，不是业务执行者。

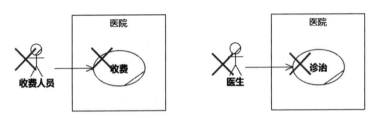

图3-19　边界框有助于辨别组织内外

不过，可能又会有人害怕"收费人员收费""医生诊治"的信息此时不表达出来就忘记了。就像恋爱中的人担心以后没机会，迫不及待要表白一样，建模人员千方百计要赶紧把自己牵挂的信息表达出来，所以会有图3-20，而且他还有理由：难道医院不要收费和诊治吗？收费和诊治不是医院的本质吗？

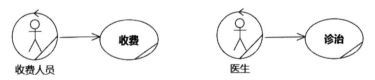

图3-20　业务工人的业务用例

这里反映了建模人员常见的一个问题：**分不清问题和问题的解决方案**。

医院确实要收费，但图3-20说的不是收费，而是收费的一个解决方案——收费人员人脑系统坐在那里收费，背后的真实问题是医院的老板要通过医院来赚钱，至于钱是怎么收上来的，是收费人员这个业务工人坐在那里收钞票，还是各种业务实体互相协作来达到收费的目的，老板是无所谓的。

同理,"医生诊治"也只是解决方案。患者要的是把病治好,治疗的过程短,不痛苦,没有后遗症,收费还便宜,并不在意他的病是医生动手术治好的,还是有个很牛的仪器给照好的。医院老板巴不得不用雇那么多收费人员和医生,照样为患者看病赚钱,只不过目前做不到。

或者这样思考,医院的成立不是为了容纳收费人员和医生,以解决本地户口的下岗人员和医科毕业生的就业问题,而是患者要看病、老板想赚钱,于是才有了医院。

业务用例是为业务执行者服务,不是为业务工人服务。这不是什么规范问题,背后有它的道理。要从业务执行者的角度去看,才能看得清楚组织的本质价值。

像收费人员这样的人脑零件,以现在的IT技术替换掉没有问题,不过像医生这样读了很多年书,经过许多年专业训练的人脑零件,替换起来更难一些。

即使现在医生的地位还比较稳固,他的责任也已经被替换了一部分。过去去看病,说"医生我咳嗽",医生会让我们伸出舌头看一看,听诊器放胸口听一听,躺在床上按一按。现在呢,医生抬头看一眼,啪啪就开单,"去照个××吧",把检查的责任转移给仪器了。

几年前人们还认为人工智能攻克围棋还需要很久,现在AlphaGo已经使这个目标变为现实,也许不久的将来,各行各业打酱油的从业者将会被人工智能代替。

错误2:业务用例随待引入系统伸缩

有的建模人员把臆想的待引入系统的用例直接当成业务用例画出来,如图3-21所示。

根据前面讲的知识要点,如图3-21右侧所示,一看护士在组织边界外面,就知道不对了。但是,要求建模人员按照业务用例的定义做时,有人就会说:我的系统就是这个功能,我已经知道了,我还要考虑其他东西干什么?

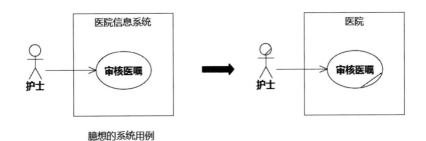

图3-21 将臆想的系统用例当成业务用例

这是一种"致命的自负"。正是因为很多情况下拍脑袋得到的是错误的需求,所以才要做业务建模,从组织的价值来推导系统应该具备什么价值才会对组织有帮助,这样系统才能卖得出去。如果已经认定了系统有这些功能,直接画系统用例图不就完了吗,还装模作样做业务建模干什么呢?

就像考试做题一样,如果已经知道答案是A,那就不用再花时间计算了。问题在于,我们很多时候是不知道的,不过瞎蒙也有25%的概率蒙对,然后就拿出来当作成功经验宣传,碰上掌握了方法的竞争对手,分分钟被虐成渣。

好了,现在建模人员知道护士在所研究组织边界里面,不能作为业务执行者了,但是又有可能还是受待引入系统的影响,导致组织的价值随着所引入系统的价值大小伸缩,如图3-22所示。

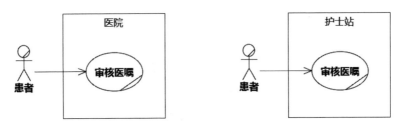

图3-22 组织的价值受所引入系统影响

因为建模人员臆想待引入系统的主要功能是审核医嘱,所以画出的图中,医院或护士站就变成了一个"审核医嘱"的机构。

碰到这种情况,我通常都会用开玩笑的口气说,幸亏你们团队不是卖马桶的,否则就有可能得到图3-23。

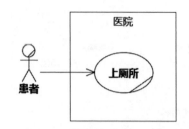

图3-23　医院变成了上厕所的机构

即使真的是卖马桶的,想要打败其他对手把马桶成功卖给医院,也依然需要研究医院的流程,找到适合用马桶来改进的改进点,才能打造出为医院量身定制的贴心马桶,如图3-24所示。

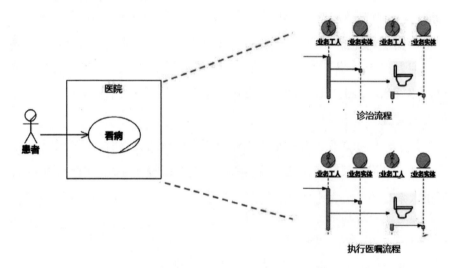

图3-24　马桶也要从医院的流程找需求

一个组织,甚至组织的一条流程都涉及许许多多的系统。在开发不同的系统时,研究业务用例和业务流程,发现得到的结果和开发另一个系统时的研究结果差不多,这是很正常的。建模人员不必因此感到惊慌,更不要因为"业务用例太少""业务用例太简单了"不自觉地改变研究对象,把待引入系统的用例搬上来。

错误3:把害怕漏掉的扩展路径片段提升为业务用例

如果待改进的流程片段位于业务用例的主流程中,建模人员会比较安心,因为他预计往下建模时,他想要看到的部分肯定会出现;如果待改进的流程片段位于业务用例的支撑流程中,建模人员可能就慌了,害怕自己关心的部分漏掉了,于是为了让自己安心,把自己关注的片段提升为组织的用例。

还是用上文的例子,医院的用例是"患者→看病",但是下一步待改进的可能是药剂科的药师盘点药品的流程片段,而这个看起来好像不能从患者看病的流程里找出来,所以建模人员会担心,然后画出图3-25左侧。也许画完后建模人员会意识到不妥,特地把研究范围缩小一些,得到图3-25右侧。左右两个图药师都在药剂科外面,都是错的。

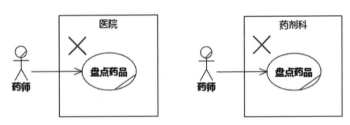

图3-25 把关注的流程片段当成组织的用例

用例下面除了有一条基本路径,还有若干条扩展路径。扩展路径的目的是预防或应对基本路径上发生的意外。

以上面的"药师盘点药品"为例,如果药师不盘点,会导致真实库存和账面库存有差距,"患者→看病"的基本路径进行到取药片段时,才发现其实某种药品已经没有库存或者现有库存药品是坏的,往"患者→看病"的成功目标行进的道路上遇到了阻碍。同理,医院里为什么有保洁员打扫卫生?为什么内部要花时间搞团队建设?都应该从"患者→看病"的高度来看。

业务用例代表从组织视角看问题的高度。一个组织内部的所有零件,都应该从组织价值的角度来认识。不仅指员工或软件系统这样的重要零件,就连应该用什么颜色的桌子、什么品牌的电脑、盖什么形状的大楼,都不是随意的。

在周星驰主演的电影《国产凌凌漆》中，陈司令对凌凌漆说，就算是一张卫生纸、一条内裤，都有它本身的用处。话虽夸张却有道理，组织里的一草一木都要服从组织的大局。

当前关注的改进点有时是在基本路径中，有时是在扩展路径中，都不应该影响业务用例图。如果有较大把握判断和愿景相关的片段的位置，直接在用例下面画该片段即可，如图3-26所示。否则先画基本路径，再画扩展路径，画了一大堆才轮到待改进的片段，时间没有花在刀刃上。

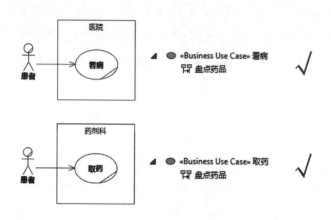

图3-26 用例下面的流程片段

就像看病一样，患者说"医生我这两天咳得厉害"（愿景：降低咳嗽的频繁程度到正常人水平），医生从常理判断可能原因有：咽喉发炎、支气管发炎、肺部发炎等，决定先给最可能的部位（愿景相关的片段）拍片。当然，如果拍片发现前面这些推断都是错的，也许就需要来个全身扫描了。

错误4：管理型业务用例

还有一种错误是从"药师盘点药品"推导出背后的好处，然后画成"管理型业务用例"，如图3-27所示。

这样的"业务用例"不可取。它没有特定组织的味道，哪家营利机构不是为了赚钱？另外，也很容易和愿景、涉众利益混在一起，发展下去，就会有"顾客→希望东西更便宜"之类的"用例"。

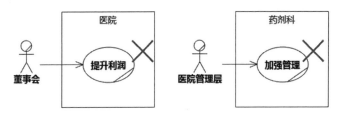

图3-27 管理型业务用例

本书不提供练习题答案,请扫码或访问http://www.umlchina.com/book/quiz3_2.htm完成在线测试,做到全对,自然就知道答案了。

1. 关于业务用例和系统用例的区别,以下正确的是:

A)业务用例研究人工,系统用例研究自动化

B)业务用例研究组织,系统用例研究系统

C)业务用例研究业务,系统用例研究技术实现

D)业务用例研究系统外的工作,系统用例研究系统负责的工作

E)业务用例抽象,系统用例具体

F)业务用例不是所有系统都有,系统用例所有系统都有

2. 以一家软件公司为研究对象,以下正确的是

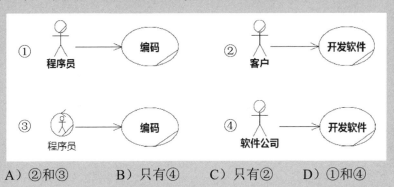

A)②和③ B)只有④ C)只有② D)①和④

3. 如果有人问"这个佣金系统的业务用例是什么",您应该怎么回答?

　　A)经纪→领取佣金

　　B)财务部→发放经纪佣金

　　C)不清楚,再给出这个系统更详细的资料才行

　　D)不知道,问题问得不对

　　E)财务人员→计算佣金

　　F)经纪→领取佣金 以及 财务人员→计算佣金

4. 如果您使用的建模工具中没有业务执行者、业务用例、业务工人、业务实体等图标,可以怎么做?(多选)

　　A)改用有图标的工具

　　B)那就不做业务建模了

　　C)只要注明了研究对象是组织就没关系,就用标准的执行者和类

　　D)自己在工具中添加文本构造型来代替

5. 公交公司里有调度员,调度员的工作除了调度之外,还要制定线路行车作业计划,还要不定期上路调查客流等。假设根据愿景判断,下一步改进点应该在调度员上路调查客流的环节,那么这个环节应该归属哪个业务用例呢?

　　① 以公交公司为研究对象的"市民→乘车"用例

　　② 以公交公司为研究对象的"调度员→调查客流"用例

　　③ 以系统为研究对象的"调度员→调查客流"用例

　　④ 以调度室为研究对象的"公司管理层→调度"用例

　　⑤ 以公交公司为研究对象的"公司董事会→提高运营效率"用例

　　A)①和④　　B)只有③　　C)②和⑤　　D)③和⑤

3.4 【案例和工具操作】业务用例图

　　UMLChina业务系统改进的组织是UMLChina组织,第一个迭代周期只

需要关注最值得改进的业务用例。根据愿景推测，参加公开课的流程最值得改进，业务用例图只需要先画出这个业务用例就够了。UMLChina组织当然还有很多别的用例，包括所有公司都逃不掉的用例——政府要向它征税，只不过改进纳税的流程离愿景比较远，所以我们不画出来，不代表它不存在（见图3-28）。

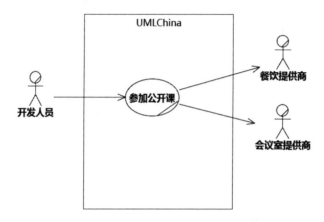

图3-28 UMLChina组织的用例

【步骤1】展开**业务建模**包下的**业务用例**包，双击**业务用例**用例图（见图3-29）。

图3-29 空白的用例图

【步骤2】单击工具箱中的 Boundary，再单击图的顶部中间，在文本框中输入UMLChina，拖动边界框的边调整到合适的大小（见图3-30）。

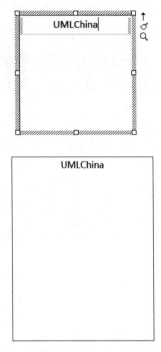

图3-30 放置边界框,确定研究对象

【步骤3】单击工具箱中的 Actor,单击边界框的左侧,在文本框输入开发人员。双击开发人员执行者,单击属性框Stereotype栏右侧的按钮,在Stereotype对话框选择business actor(也可以在属性框Stereotype栏直接输入business actor),单击OK,再单击OK(见图3-31)。

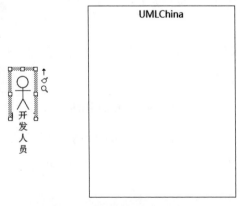

图3-31 添加业务执行者(1)

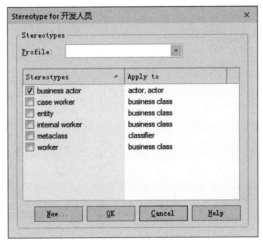

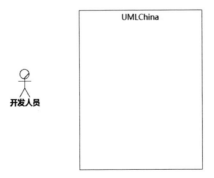

图3-31 添加业务执行者（2）

第3章 业务建模之业务用例图

【**步骤**4】单击工具箱中的 ⬭ Use Case ，单击边界框内，在文本框输入参加公开课。双击参加公开课用例，单击属性框Stereotype栏右侧的按钮，在Stereotype对话框选择business use case（也可以在属性框Stereotype栏直接输入business use case），单击OK，再单击OK（见图3-32）。

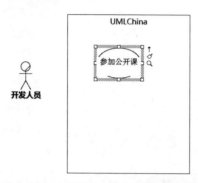

图3-32 添加业务用例

【**步骤**5】单击开发人员执行者,按住开发人员执行者右侧的小箭头（Quick Link）,拖到参加公开课用例上,松开鼠标按键,从快捷菜单中选择Association。双击执行者和用例之间的关联线,在弹出属性框的Direction选择框中选择Source→Destination（见图3-33）。

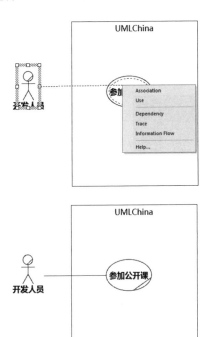

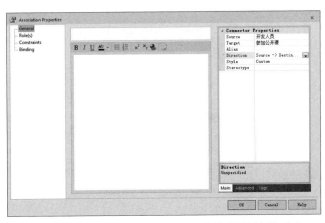

图3-33 建立业务执行者和业务用例之间的关联（1）

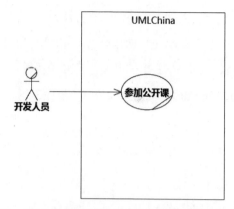

图3-33 建立业务执行者和业务用例之间的关联（2）

【**步骤6**】同上方法，在边界框外部右侧添加业务执行者**餐饮提供商**和**会议室提供商**，并建立用例参加公开课指向执行者**餐饮提供商、会议室提供商**的关联（见图3-34）。

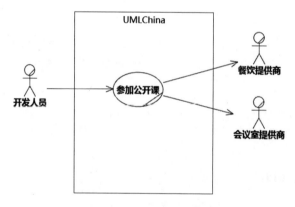

图3-34 已完工的用例图

> 我像是一颗棋子，来去全不由自己。
> 《棋子》；词：潘丽玉，曲：杨明煌，唱：王靖雯；1994

第4章 业务建模之业务序列图

上一章我们得到了待改进组织的业务用例图，本章我们将讨论业务建模中最繁重的工作——描述业务用例的实现，即业务流程，然后改进它，推导出待引入系统的用例。

4.1 描述业务流程的手段

描述业务流程的可选手段有文本、活动图和序列图，下面先比较一下它们的优劣。

4.1.1 文本

例如针对财务部"员工→报销"用例的实现，书写业务用例规约如下：

> 1. 员工把报销单交给财务主管
> 2. 财务主管确认报销单已经过员工领导审批
> 3. 财务主管审批报销单
> 4. 财务主管将审批好的报销单返还给员工
> 5. 员工把报销单交给会计
> 6. 会计复核报销单
> 7. 会计记录报销单
> 8. 会计把报销单交给出纳
> 9. 出纳付款
>
> 扩展：
>
> 2a. 报销单未经员工领导审批：
>
> ……

文本的缺点是不够生动，所以在描述业务流程时很少使用文本的方式。不过，描述系统用例（即系统需求）的流程时，文本是常用的，因为此时更注重精确，而且还要表达业务规则、性能等目前尚未被UML标准覆盖的内容。

4.1.2 活动图

用UML图形描述业务流程有两种选择：活动图和序列图。

活动图的前身流程图，应该是在建模人员中使用频率最高的图形了。流程图最早出现于1921年Gilbreth的文章中，用于机械工程领域。在Goldstine和von Neumann将其引入计算机领域之后，流程图变得流行起来，主要用于在编写文本源代码之前表达跳转逻辑。不过，随着编程语言表达能力越来越强，针对简单的分支或循环逻辑画图在很多情况下已经变得没有必要。

活动图在流程图的基础上添加了分区（Partition，即UML1.x中的泳道）、分叉（Fork）、结合（Join）等元素，UML2.x进一步增加了Petri网的元素，表达能力更加丰富。

如果活动图用来表示组织内部的业务流程，那就是业务流程图。上面的报销业务流程用活动图可以表示为如图4-1所示。

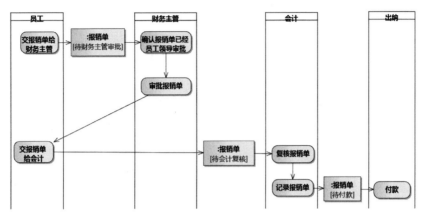

图4-1　用活动图描述业务流程

4.1.3　序列图

UML2.x序列图的符号标识来自ITU（国际电信联盟）制定的消息序列图（MSC）标准[ITU-T Z.120]。Ivar Jacobson在*The Object Advantage*一书中将序列图用于描述业务流程，把业务流程看作是一系列业务对象之间为了完成业务用例而进行的协作。1997年Ivar Jacobson又出版了*Software Reuse*，在书中改用UML做了相关描述。

上面的报销业务流程可以用序列图表示，如图4-2所示。

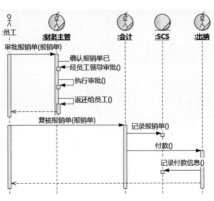

图4-2　用序列图描述业务流程

4.1.4 序列图和活动图比较

本书所授方法采用序列图来描述业务流程。做出这个选择基于以下几点理由。

(1) 活动图只关注人，序列图把人当作系统。

使用活动图描述业务流程时，建模人员往往只注意人或部门的活动，忽略了非人智能系统的责任。上一章已经提到，现在的业务流程中已经有很多领域逻辑是封装在业务实体而不是业务工人中。如果忽略非人智能系统，很多重要信息就丢掉了。

例如，图4-1的活动图未能表达出这样一个事实：即会计记录报销单和出纳记录付款信息需要用到现有的计算机系统SCS，而图4-2的序列图表达出来了。虽然活动图可以稍作变通，将非人系统也单列为分区，但我见过的绝大多数活动图，分区的抬头只是描述人或部门。

(2) 活动图表示动作，序列图强迫思考动作背后的目的。

请对比图4-3和图4-4。

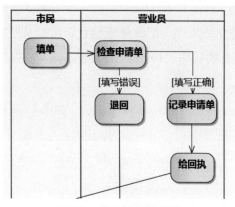

图4-3 活动图表示动作

图4-4不但表达了非人系统的责任，同时也清晰地揭示出来营业员这个岗位对外暴露的责任是：受理申请，这也是市民对于营业员的期望。期望和承诺是用例和对象技术的关键思想。使用序列图来做业务建模，"对象协作以完成用例"的思想就可以统一地贯彻业务建模和系统建模的始终。

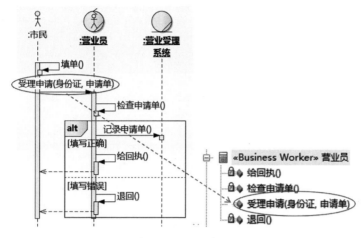

图4-4 序列图强迫思考背后的目的

（3）活动图"灵活"，序列图不"灵活"。

不少人认为活动图胜过序列图的地方是它灵活，但这种灵活是一把双刃剑。活动图很灵活，它的控制流箭头可以指向任何地方，就像编码原始时代的Goto语句，所以活动图很容易画，如图4-5所示。不过，"很容易画"的活动图，也比较容易掩盖建模人员对业务流程认识不足或者业务流程本身存在缺陷的事实。

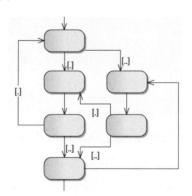

图4-5 活动图的灵活是把双刃剑

序列图通过alt、loop等结构化控制片断来描述业务流程，强迫建模人员用这种方式思考，如图4-6所示。对于现状确实乱七八糟的流程，描述起来相对要困难，甚至需要按照场景分开画很多张序列图来表达，但这也揭示了业务流程的糟糕现状。

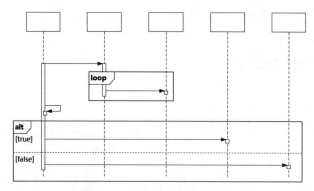

图4-6　带有结构块的序列图

本书选择用序列图来做业务建模，最主要的原因是把人脑系统和计算机系统平等看待。如果您使用活动图或其他方法做业务建模已经做得很好，而且能解决这个问题，就不一定要切换到序列图。毕竟在目前已有的业务流程建模资料中，活动图或类似活动图的手段（如BPMN）占绝大多数，积累了比序列图多得多的参考资料和模型。

这里展开说一个问题：多，不代表有价值。经常有建模人员问我，"潘老师，UML用得好的团队多不多？"我只能回答"不多"（参见第1章关于"冠军的心"的阐述）。于是提问者就释然了，哦，用得好的不多，看起来这个东西用处不大，我不学也没关系的。

围棋下得好的、足球踢得好的、脑外科手术做得好的、身材长得好的……都不多，但是一旦突破门槛进入这个圈子，就会有很大的竞争优势。就拿编码来说，可能读者觉得会编码的人挺多的，周围的人大多都会。其实会编码的人数和会吃喝拉撒的人数相比少得可怜，编码编得好的就更少了，但不能由此推导出"编码没用"的结论，相反，正是因为编码有门槛，所以大多数程序员尽管买房不容易，衣食无忧是做得到的。

会用活动图（或者再退一步，会用流程图）来建模业务流程的人已经算是少的了，更多的是随意画的"草图"，更普遍的应该是什么都不会画或者懒得画，把"脓包"一遮了之。

UML提供了交互概述图（Interaction Overview Diagram），采用活动图的形式将各个场景的序列图串起来，相当于结合了活动图和序列图的特点，如图4-7所示。不过，用序列图通过交互引用也可以把多张序列图串起来，交互概述图不是必要的。

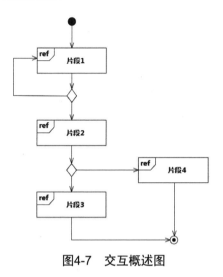

图4-7　交互概述图

4.2 业务序列图要点

4.2.1　消息代表责任分配而不是数据流动

我给图4-2的业务序列图加了一些注解，如图4-8所示。

序列图最重要的要点是消息的含义。A指向B的消息，代表"A请求**B做某事**"，或者"A调用**B做某事**的服务"，**做某事**是B的一个责任。例如，图4-8中，指向财务主管的消息"审批报销单"映射了财务主管的"审批报销单"责任。注意，消息名称中不用带"请求"二字，消息箭头已经有请求的意思。

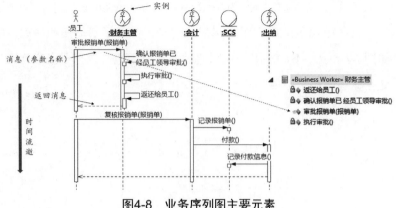

图4-8 业务序列图主要元素

在序列图中,数据流仅仅作为消息的输入输出参数存在。如果不了解这一点,就容易把消息的方向当成数据流动的方向,不但消息名称没写对,还会出现成对的消息,如图4-9所示。

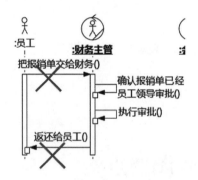

图4-9 错把消息当成数据流

4.2.2 抽象级别是系统之间的协作

业务建模的研究对象是组织,出现在业务序列图生命线上的对象,其最小颗粒是系统,包括人和非人系统。如果建模人员不把这一点时刻记在心中,指哪打哪,抽象级别随着兴之所至跳跃,就会使业务序列图中混入不该有的内容。

图4-10的业务序列图中,CRM系统的一个组件"客户表"露了出来,因为建模人员突然想到客户资料应该保存在数据库的"客户"表中。其

实这个抽象级别不关心CRM系统中是不是使用关系数据库保存数据以及数据库中是不是有一个表叫"客户"。如果真的要考虑系统内部组件这个抽象级别,"分配销售专员"操作也会影响一些表,怎么不画出来?销售支持使用CRM系统记录资料时,大脑指挥,心脏提供能量,手指录入,大脑、心脏、手指怎么没画出来?因为当时的"灵感"没顾及,所以选择性忽略了。

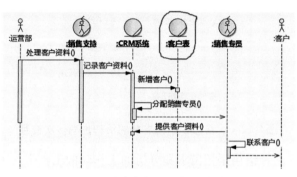

图4-10 系统内部的组件露出来了

另外一种抽象级别跳跃错误,如图4-11所示。要表达销售支持使用CRM系统记录客户资料,只需要在销售支持和CRM系统之间画一条消息"记录客户资料"就够了,这是这两个系统之间协作的目的。不过建模人员刚好想到记录客户资料的过程会有多次交互,于是把这些交互步骤画了出来。

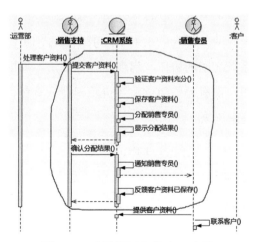

图4-11 表达了过细的交互步骤

其实，图的左侧运营部和销售支持打交道时也可能有多次交互，如果按照图4-11右侧销售支持和CRM系统之间的交互的画法画出来，则如图4-12所示。为什么选择性忽略这部分交互呢？

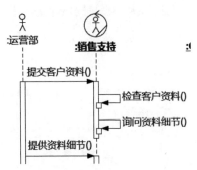

图4-12　运营部和销售支持的协作也有多次交互

上面说的两种错误是把需求和分析的工作流的工作带入了业务建模。图4-10中提到的系统内部的组件，应该在分析和设计工作流中描述；图4-11中提到的交互步骤，应该在需求工作流中描述。

过早地把不同抽象级别的知识混杂，大脑需要处理的逻辑就会从M+N+O+P增加到M*N*O*P。正确的做法是分开表达，这一点本书第8章还会进一步阐述。

还有一种抽象级别错误是：业务序列图的内容和业务用例图差不多。如图4-13所示，上部是担保公司的业务用例图，而下部的业务序列图直接把担保公司作为一个业务工人画出来了，根本没有剖析出担保公司内部各种人和非人智能系统之间的协作。出现这样的画法，原因很可能是建模人员根本不了解组织内部有哪些岗位，各自承担什么责任，只好把整个组织囫囵当成一个系统画出来。

图4-13　目标组织作为整体出现在业务序列图中

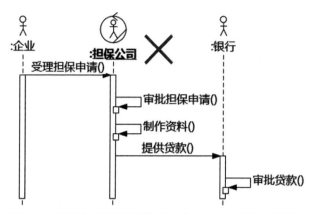

图4-13　目标组织作为整体出现在业务序列图中（续）

最后要提到的抽象级别错误是：把不具备任何智能的物体放到了业务序列图的生命线上，如图4-14所示。

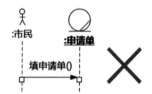

图4-14　无智能的申请单被错误当成了业务实体

申请单只是一张纸，不具备智能，最多能作为消息参数传递，如图4-15所示。

图4-15　申请单只能作为消息参数

可能有的读者纳闷，我怎么记得看过的书里经常有序列图上出现订单、申请单对象？那是分析序列图。我们用对象的思想去构思我们所开发的系统的内部结构和行为，就得到了订单、申请单等假想的有生命的对象，如图4-16所示。

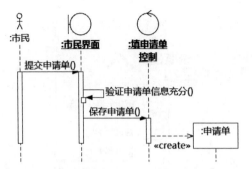

图4-16 分析序列图生命线上可以有申请单对象

4.2.3 只画核心域相关的系统

业务流程中涉及的非人智能系统,远远比我们意识到的多,业务序列图上只能表现出其中一部分。例如,图4-11中,运营部请求销售支持处理客户资料时,有可能是通过微信联系的,那么微信需不需要作为一个业务实体出现在业务序列图中?

大致的判断标准是:如果是核心域相关的系统,应该出现在业务序列图中,如果不是,可以不出现。如图4-17所示,是工作人员制作文档,还是工作人员用Word制作文档?如果描述的是采购的流程,可能左侧图就可以,如果描述的是制作文档相关的流程,可能应该画成图右侧那样。具体问题还需要具体分析,所以以上用词是"大致""可能"。

图4-17 Word要不要画出来

核心域/非核心域的概念,在后面的工作流中还会不断提到,此处先不详细讨论。有时很难判断也没关系,您想过这个问题,就已经比没想过要好了!可以先画出来,如果发现它跟改进无关,再把它删掉。如图4-17所示,先画出Word,后来发现工作人员不管用Word还是用WPS制作文档,都不影响采购流程的改进结果,再把它删掉。

4.2.4 把时间看作特殊的业务实体

业务序列图中,我们把时间看作特殊的业务实体。时间就像上帝造好挂在天上的一个大钟,向全世界各种系统发送时间消息,如图4-18所示。这样,就和后面需求工作流中映射系统用例的时间执行者一致了,同时也帮助理清什么情况下使用时间执行者的问题。

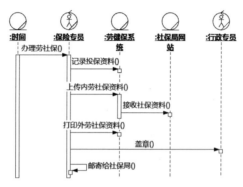

图4-18 把时间当作一个系统

注意:时间和定时器不是一个概念。时间是外系统,定时器是其他系统用来和时间打交道的边界类,如图4-19所示。世界上只有一个时间系统,但有无数的定时器。有的建模人员在识别系统用例时说"执行者是定时器",这样说是错的,执行者是时间。

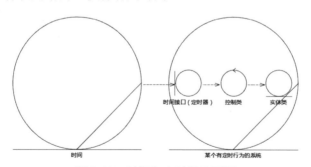

图4-19 时间和定时器的区别

4.2.5 为业务对象分配合适的责任

分配给业务对象的责任必须是该对象有能力承担的。在这一点上,我们平时的说话是含糊的，很容易造成误导。例如，"工作人员用Word写标书"这样的说法好像可以接受，但是如果按照说话的文字不假思索画出图4-20，就看出责任分配好像不对。

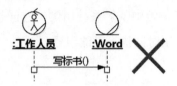

图4-20　不恰当的责任分配

Word无法承担写标书的责任，这个软件系统里应该没有任何一句代码提到"标书"的概念，只有"文档""段落""字体"等概念。当前编辑的文档到底是标书还是黄色小说，工作人员的大脑才知道，应该改为图4-21。

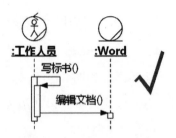

图4-21　恰当的责任分配

再对比一下图4-22和图4-23中分别用算盘和计算器计算时的责任分工。严格来说，算盘不是智能系统，但为了比较，暂且把它放到生命线上。

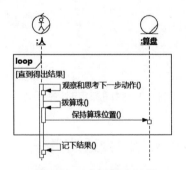

图4-22　人用算盘计算

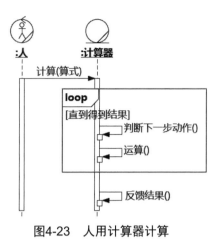

图4-23　人用计算器计算

4.3 【步骤】现状业务序列图

假如目标组织的业务流程正在发生，您亲临现场，把观察到的场景如实绘制成业务序列图，就得到了现状业务序列图。

这里最重要的要点就是"如实"。尽力描绘出真实的现状，接下来在此基础上改进，才有可能得到最符合现状需要的改进方案。在凭空想象的"现状"上改进，得到的必定是假的改进方案、假的系统需求。

> 黑格尔有一句经常被误解为"存在即合理"的名言——"凡是合乎理性的东西都是现实的；凡是现实的东西都是合乎理性的。"现状之所以存在，必定有其存在的原因，毕竟大家都不傻！一定要在尊重现实背后的理性的前提下再去改变，贸然改变很可能得不到好结果。
>
> 鲁迅曾经长叹"即使搬动一张桌子，改装一个火炉，几乎也要血"。但是从另一个角度想一想，桌子为什么摆在那里？火炉为什么是这个样子？

尽力描绘出真实的现状，说起来非常简单，做到却极其困难。为了克服困难，建模人员甚至应当在心里暗暗发誓：如果不尽力去靠近真相，天打雷劈！

下面列出一些描述现状时经常犯的错误。

4.3.1 错误：把想象中的改进当成现状

现状真的就是现状的意思，意思绝不含糊。很多时候明明已经敲黑板强调了：

A：今天是哪一年几月几号？

B：****年*月*号

A：好，把你的序列图名称的最后加上今天的日子，然后想想如果今天发生这个业务流程，会是什么样的？

即使如此，有的建模人员依然义无反顾地直接画出想象中改进以后的场景，而且自己还没有"是不是画错了"的感觉，被指出来后才恍然大悟。

背后的原因很可能是根本没有深入到组织流程中去做观察和访谈，对现状没有认识，只好想像一个改进后的场景来应付。

4.3.2 错误：把"现状"误解为"纯手工"

待引进系统就像送给客人的礼物，要根据客人的真实现状来准备。三十年前人们走亲访友，带一包米、一只鸡、一筒饼干作为礼物是非常得体而且受欢迎的，现在大家武装到了牙齿，你还带这些礼物去，对方都不知道怎么说你好了。

有的建模人员以为人做的事情才是本质的，所以他画的业务流程中，只有人，没有非人系统。业务流程中全是人，那是二十多年前的"现状"，那是先锋、安易、用友等应用软件先驱刚刚起步的年代。基于二十多年前的现状来改进，得到的系统岂不是要和二十多年前一样？这样的软件怎么能适应现在的需要？

如图4-24所示，目标组织于2000年成立，在2010年之前，业务流程主要由人完成。2010年，引进一个软件系统，2014年，又引进一个软件系统，然后A开发团队从2014年开始介入目标组织的信息化工作。2016年，目标组织引进A开发团队开发的软件系统a1，后来，又引进了A开发团队开发的另一个软件系统a2。

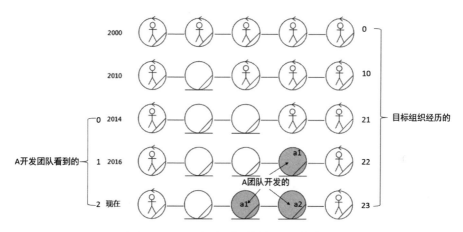

图4-24　不同视角看到的组织流程变迁

真正的现状就是图中最后一行的场景，而把"现状"误解为"纯手工"，说的就是把2000年的情况当成现状。

4.3.3　错误：把"现状"误解为"本开发团队未参与之前"

还有一种有趣的错误。A开发团队里的建模人员把图4-24中2014年的情况当成现状，因为在2014年，A团队开始介入，所积累的业务流程资料是从2014年开始的，所以建模人员认为2014年是目标组织的起点——又犯了从自己角度看问题的错误。在A团队看来，只变了两次（0-1-2），在目标组织看来，变了23次（0-1-2……23）。

用第2章提到的"投币法"可以避免这样的错误，A团队的人全部完蛋了，系统是路上捡来的，哪里还有A团队什么事。

4.3.4 错误：把"现状"误解为"规范"

建模人员在建模业务流程时，照搬组织制定的规范，没有去观察实际工作中人们是如何做的，或者即使观察到了人们实际没有按照规范做，却依然按照规范建模。这样做，得到的业务流程是不真实的。上有政策，下有对策，人们在工作时往往会想出一些巧妙的方法，来规避不合理或对自己有损的规范，这些方法中的合理部分就值得计算机系统学习。如果视而不见，也就丧失了许多有价值的改进机会。

4.3.5 错误："我是创新，没有现状"

互联网创业公司的建模人员很容易犯这个错误，动不动就说"我做的是互联网创新，没有现状！"

第2章已经说过，老大的大脑就是战场，敌人已经挤得满满当当。老大的时间和金钱是有限的，要让老大赏脸接纳某个系统，必定要动现状某个地方的蛋糕。老大不会因为"好新鲜，没见过这样的东西"就欣然接纳，这个"新"东西必须表现出比现状的某个方面好才行。

创新没什么了不起和神秘的，所有需求工作都是创新。有的时候，创业者号称"创新"的东西，只是创业者自己没做过，觉得"新"而已，客户早就见过了。如果是这样，创业者找块豆腐撞死算了。

4.3.6 错误："我做产品，没有现状"

非定制系统的开发团队经常拿这句话做借口。A公司的流程和B公司的流程有差异，中国的流程和外国的流程有差异，画谁的现状好呢？

如果理解了第2章的内容，知道"做需求时把产品当项目做"的道理，就不会困惑了。"现状"指目标组织的现状，是具体而且有最佳答案的。

本书不提供练习题答案，请扫码或访问http://www.umlchina.com/book/quiz4_1.htm完成在线测试，做到全对，自然就知道答案了。

1. 适合用于描述业务用例的实现——业务流程的UML图有（本题可多选）_____。

   A）活动图　　　　　　B）用例图　　　　　　C）序列图
   D）状态机图　　　　　E）流程图　　　　　　F）依赖图

2. 以下序列图中消息正确的是_____。

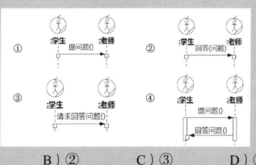

   A）①　　　　B）②　　　　C）③　　　　D）④

3. 关于在业务建模中使用活动图和序列图，以下说法正确的是（本题可多选）_____。

   A）当前建模人员做业务建模时，序列图使用最多，所以《软件方法》中以序列图为主
   B）序列图表示动作，活动图强迫思考动作背后的目的
   C）活动图背后是面向过程的思想，序列图背后是面向对象的思想
   D）活动图的"灵活"是优点也是缺点

4. 在业务流程中有这么一步：助理使用QQ邮箱系统将计划书发给经理。如果QQ邮箱系统在业务流程中有重要的地位，不得忽略，那么以下序列图片段描述了该步骤而且责任分配合理的是_____。

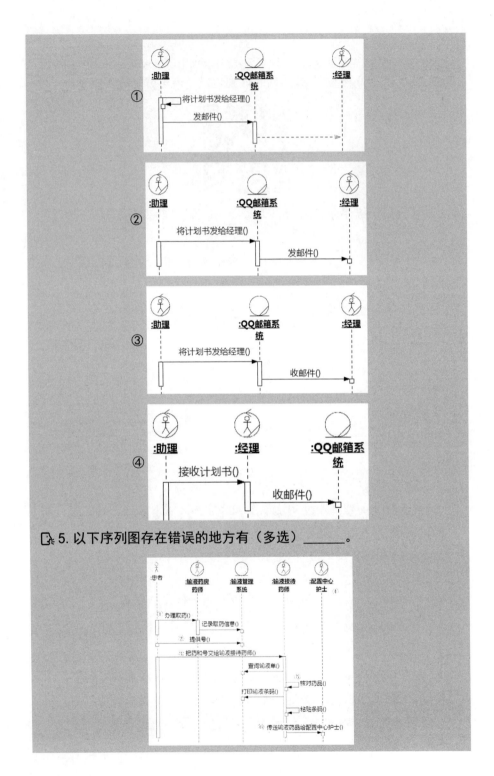

5. 以下序列图存在错误的地方有（多选）_____。

A）① B）② C）③
D）④ E）⑤ F）⑥

6. 想做一款男女约会神器，提高上垒的成功率。建模人员在描述现状业务流程时犯难了，现状到底是写情书、酒吧勾搭还是用陌陌约？以下做法正确的是_____。

A）每种现状都描述，分别改进
B）因为是做产品，基本没有现状，不用描述现状业务流程
C）先定位目标人群和老大，再描述现状
D）写情书是最本质的，应该描述写情书

4.4 【案例和工具操作】现状业务序列图

根据愿景"减少助理在组织公开课时的工作量"，初步判断最值得改进的流程片段是发布公开课通知的片段，如图4-25所示。

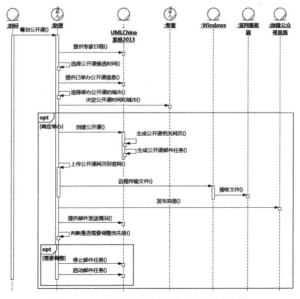

图4-25 发布公开课通知的流程片段

第4章 业务建模之业务序列图

【步骤1】在"UMLChina"的业务用例图上右击"参加公开课"用例,从快捷菜单中选择New Child Diagram|Add Diagram(见图4-26)。

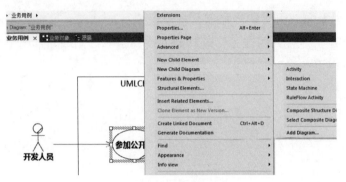

图4-26 添加图

【步骤2】在New Diagram对话框中,将Name改为"发通知201706",在左侧的Select From列表选择UML Behavioral,在右侧的Diagram Types选择Sequence,单击OK按钮(见图4-27)。

图4-27 空白序列图

【步骤3】双击**业务建模|业务对象**包下的**业务对象**类图。单击工具箱中的 Class，单击类图空白处，在弹出的Class属性框设置Name为"助理"，Stereotype选择business worker（如果列表中没有选项，则直接输入文本），单击**确定**。同上操作添加一个类，名称为"时间"，Stereotype为business entity（见图4-28）。

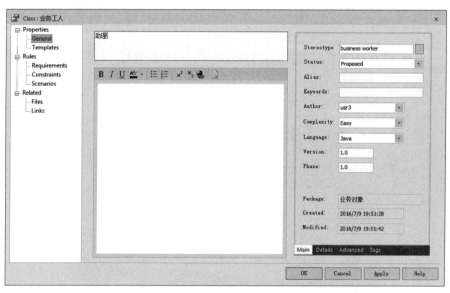

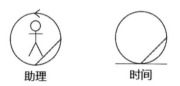

图4-28　添加业务工人和业务实体

【步骤4】在Project Browser里双击新增加的"发通知201706"序列图，选择**业务对象**包下的"时间"，拖到序列图的最左侧，在弹出的对话框选择Lifeline，单击OK。把**业务对象**包下的"助理"，拖到"：时间"的右侧，在弹出的对话框选择Lifeline（见图4-29）。

由于版本不同，可能有的时候："时间"的图标不是业务实体的图

第4章　业务建模之业务序列图

标,此时双击":时间"同【步骤3】操作设置Stereotype为business entity。

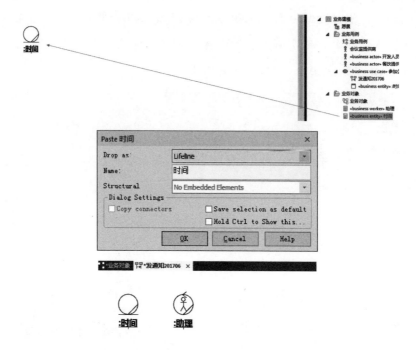

图4-29 放置实例

【步骤5】单击序列图上的":时间"实例,按住右边出现的快捷箭头,拖放到":助理"实例,松开,如图4-30所示。

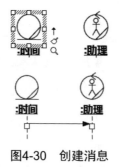

图4-30 创建消息

【步骤6】双击":时间"和":助理"之间的消息,在Message

Properties属性框上单击Operations按钮,在"助理Features"属性框,设置Name为"筹划公开课",单击Close,单击OK,如图4-31所示。

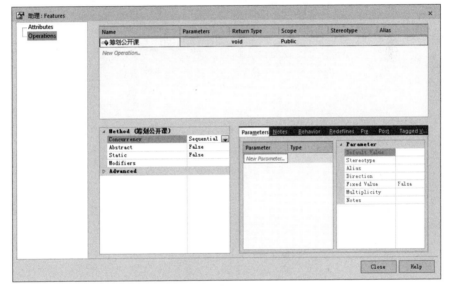

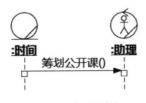

图4-31 设置消息

【步骤7】同上操作,在类图中添加业务实体"UMLChina系统2013",在序列图上添加生命线和消息,如图4-32所示。

图4-32 继续添加生命线和消息

【步骤8】单击序列图上的":助理"生命线最下部,按住右边出现的快捷箭头,拉出,然后返回自身,松开(见图4-33)。

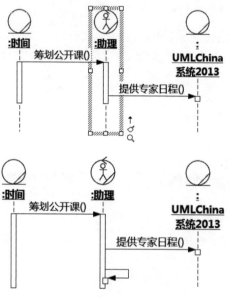

图4-33 绘制自反消息

【步骤9】将新建的自反消息映射到操作"选择公开课候选时间"(见图4-34)。

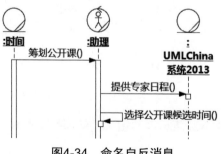

图4-34 命名自反消息

【**步骤**10】同上操作，继续绘制序列图直至得到图4-35。

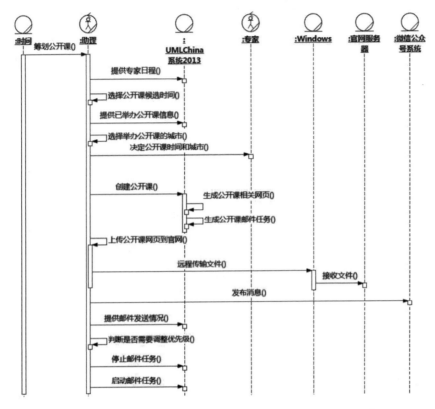

图4-35　继续绘制序列图

注意图4-35中，在自反消息"上传公开课网页到官网"的生命周期内，向"：Windows"发送了消息。这个操作通过单击向右的小箭头完成，如图4-36所示。

图4-36　在自反消息中向其他对象发送消息

【**步骤**11】单击工具箱里的 Fragment，再单击"创建公开课"消

第4章　业务建模之业务序列图

息的左上方。调整新增的框的大小，把"创建公开课"消息以下的消息全部包住。双击框，在Combined Fragment属性框中，选择Type为opt，设置Condition为"确定举办"，单击OK（见图4-37）。

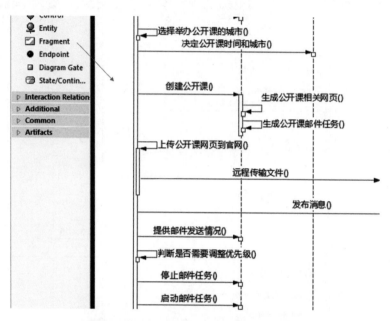

图4-37 添加控制框（1）

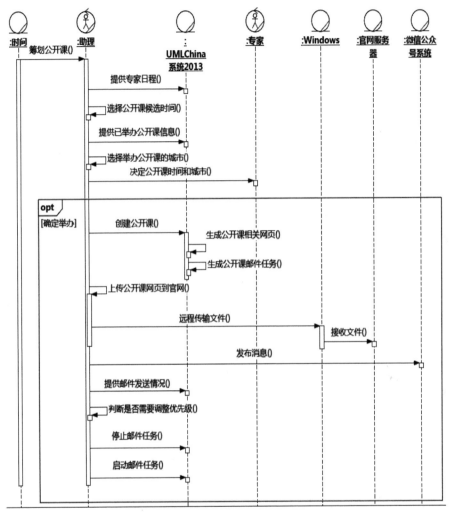

图4-37 添加控制框（2）

【**步骤12**】同步骤11操作，在"停止邮件任务"消息的左上方，添加Type为opt，Condition为"需要调整"，得到图4-38。

第4章 业务建模之业务序列图

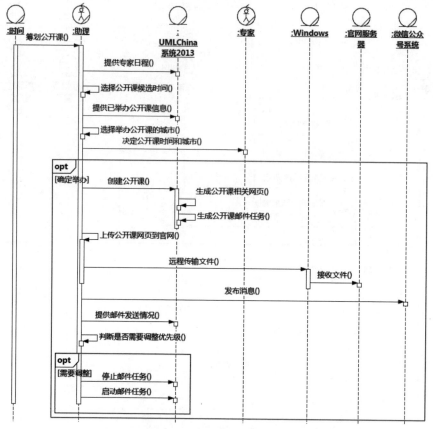

图4-38 继续添加控制框

4.5 【步骤】改进业务序列图

得到现状业务序列图后,接下来就要思考信息化可以给现状带来什么样的改进。信息化给人类的工作和生活带来的改进,常见的模式有以下几种。

4.5.1 改进模式一：物流变成信息流

和信息的光电运输比起来，用其他手段运输的物的流转速度就显得太慢了，而且运输成本会随着距离的增加而明显增加。如果同类物的不同实例之间可以相互取代，那么可以提炼物中包含的部分或全部有价值的信息，在需要发生物流的地方，改为通过软件系统交换信息，需要物的时候再将信息变成物，这样可以大大增加流转速度和降低流转成本，如图4-39所示。

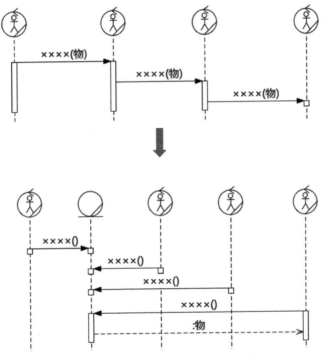

图4-39 改进模式一：物流变成信息流

例如，市民要了解新闻，可以去报摊买报纸看，但这会产生各种物流，如果把报纸中包含的有价值信息提炼出来，通过软件系统传送，各种物流就消失了，如图4-40所示。

过去二三十年的信息化改进主要着力点就是物流变成信息流。这方面改进对人类社会已经产生了明显的影响。现钞用得越来越少，信件被电子邮件、短信、QQ和微信取代，照相胶卷已经绝迹，人们口中的"文件"默认的不再是纸质文件。

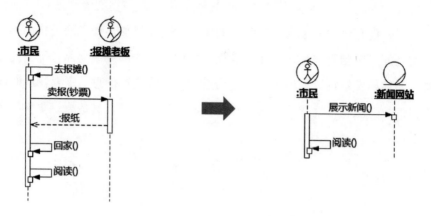

图4-40 物流变成信息流，改进示例

了解了改进一，我们在观察业务流程时，要注意观察各种物的流动，并提炼物背后承载的信息。注意，不要忘了还有人的流动，人可是一个几十千克的物。例如，从图4-40的左侧，可以发现这么几个物流：市民从家里挪到报摊再挪回家里，钞票从家里挪到报摊，报纸从报摊挪到家里。

除了信息化起步较晚的领域之外，目前各领域在"物流变成信息流"方面留下的改进空间已经不多。随之而来要面对的是信息流转不通畅的问题。

4.5.2 改进模式二：改善信息流转

软件系统越来越多，而各个软件系统之间沟通不畅，导致一个人为了达到某个目的可能需要和多个软件系统打交道，如果把各软件系统之间的协调工作改为由一个软件系统来完成，人只需要和单个软件系统打交道，信息的流转就改进了，如图4-41所示。

如图4-42所示，调度科为了出一份报表，不得不在多个业务实体之间疲于奔命（虽然可能只是鼠标在奔），在中间插入新系统之后，工作量减少了很多,如图4-43所示。

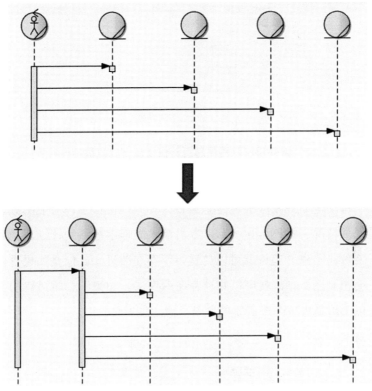

图4-41 改进模式二,改善信息流转

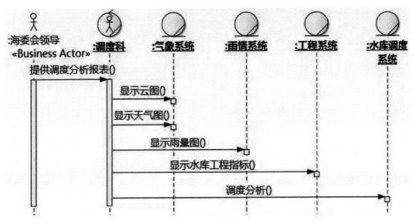

图4-42 改善信息流转例子——改进前

第4章 业务建模之业务序列图

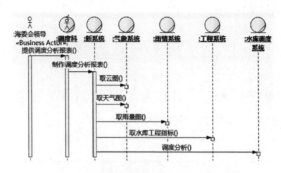

图4-43　改善信息流转例子——改进后

了解了改进二，我们在观察业务流程时，要注意观察信息流转不通畅的地方，特别是一些隐蔽的地方。很多人和人的协作中，可能隐藏了信息流转不畅的情况。如图4-44所示，专员请求经理审核活动计划，计划是一份电子文件，不离开座位就可以传递，不存在改进一，但是如果更仔细地观察，会得到图4-45，就可以知道存在改进二。如果不影响最终的改进方案，可以不用画出下一个级别的细节，画出图4-44即可。

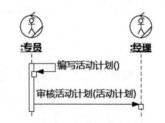

图4-44　人和人之间的协作

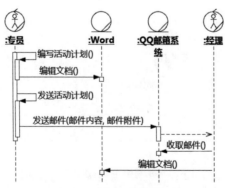

图4-45　人和人协作背后隐藏的改进二

4.5.3 改进模式三：封装领域逻辑

在业务流程中，有很多步骤是由人脑来判断和计算的，领域逻辑封装在人脑中。相对于计算机，人脑存在成本高、状态不稳定、会徇私舞弊等问题。如果能够提炼人脑中封装的领域逻辑，改为封装到软件系统中，用软件系统代替人脑，业务流程就得到了改进。

封装领域逻辑的改进如图4-46所示。

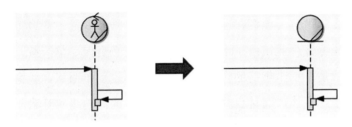

图4-46 改进模式三：封装领域逻辑

如图4-47左侧，思考和计算由销售员负责，组织需要雇用许多有一定经验的销售员，成本相当高。如果能够把销售员大脑中的经验提炼出来，封装到软件系统中，如图4-47右侧所示，组织的成本就降下来了。

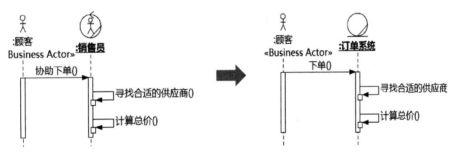

图4-47 封装领域逻辑例子

了解了改进三，我们在观察业务流程时，要注意观察和揣摩人脑中的逻辑，特别是有经验的"老司机"大脑里的逻辑。不过这有一定的难度，我看过许多人画的业务流程像白开水一样，科长审批，处长审批，局长审批，没有内心活动，好像这些人只是个审批机器。

目前面向大众的互联网（及移动互联网）系统如微信、Facebook、

Twitter，完成的大多是改进一和改进二，系统内部封装的逻辑不复杂。经常可以看到这样的场面：稍有新意的互联网系统刚面世，很快就出现几十上百个功能几乎一模一样的模仿者，这些模仿者中有的甚至是几个大学生凑一凑就开发出来的。谁成谁败，决胜点根本不是系统本身的功能，而是谁能早点多点拿到投资来购买内容和大做宣传，风险投资人也声称"投资是投人不是投产品本身"。

　　说到这里，我要啰唆几句。近年来，互联网公司的开发人员霸占了各种技术大会的讲台。他们在台上大谈互联网思维和敏捷，在台下听讲的是在电力、税务等行业钻研了十几二十年的研发负责人。乍一听，这不就是瞎搞，不就是二三十年前的作坊式开发嘛！不过别不服气，人家公司在美国上市圈了好多钱，而且自身也在盈利！这样的成功事实让台下的研发总监开始反思：人家"瞎搞"，赚这么多，我们一年辛辛苦苦，赚这么点，好，回去马上引进互联网思维，把我们的研发流程互联网化、敏捷化！

　　这样的反思犯了一个逻辑错误：把并存当作因果。"瞎搞"是事实，"成功"也是事实，但不能得出结论"因为瞎搞，所以成功""只要瞎搞，就能成功"或者"只有瞎搞，才能成功"。很可能该互联网公司的背景、人脉以及烧的钱才是公司成功的原因，至于公司里的软件开发团队采用什么开发方法，是站着、坐着还是倒立着开发，都不是主要影响因素。

　　有一天，张三喝醉酒后去买彩票，结果中奖两个亿。大家请张三上台介绍致富经验，张三介绍"我那天喝醉了酒去买彩票就中奖了"，台下听讲的彩民纷纷去喝醉买彩票，以为这样就能中大奖，这就犯了同样的逻辑错误。张三之所以能中大奖，背后肯定有原因，只不过这个原因很复杂，属于"上帝算法"，人类目前还算不清楚（否则借来算一下明天双色球多好），偶尔会归因为"祖上积德"之类，但应该不是喝醉了酒。

　　可惜，不少演讲人为了往自己脸上贴金，把并存混淆成了因果——"我们网站很成功，我们网站用PHP开发，所以PHP是最好的语言。"

　　中央纪委监察部网站、12306网站，访问量非常大，而且访问者忠诚度极高。到底用了什么方法和开发平台，能做出这么棒的网站？可惜，这些网站的研发负责人似乎比较低调，没有出来揽功，因为他们知道自己的贡献是多少。

可能有人要说"某某网站要应付这么多用户，背后技术门槛也不低"。我们再拿张三中奖的故事类比。张三中两亿大奖，必须纳4000万所得税。李四看到了张三中奖和纳税4000万的过程，于是预交了4000万给税务局再去买彩票，那么，李四的中奖概率会大大提高吗？

纳税是中奖带来的"快乐的痛苦"，不是中奖的原因。互联网公司的很多开发人员属于"纳税型"，是公司的成功带来了他，他却误以为自己带来了公司的成功。所以不要再拿"没有我们，就没法应付双11"来说事了，有几个网站因为用户太多倒闭了？倒是不少网站准备好了应付上亿用户，偏偏大家就是不用你。

专注于一个领域的行业软件，凝结了该行业的丰富领域知识，达到了改进三。这样的系统就能够靠软件本身的功能挣钱，它的开发团队介绍的经验值得借鉴。不过，开发这种系统的公司往往是"隐形冠军"，在它所处的领域大名鼎鼎，在大众媒体却无声无息。

不过，随着互联网跑马圈地的结束，互联网公司逐渐变成了行业巨头，领域逻辑需要越挖越深，改进三所占的比重越来越大。这方面的讨论会在第8章继续。

4.5.4　阿布思考法

张三断了一只手，一开始很痛苦，只剩下一只手以后的日子怎么过啊！过了些天，痛苦就慢慢淡了，因为他看了不少新闻，里面有车祸死人、火灾死人甚至躲猫猫死人，心里一比较就觉得自己很幸运，又开始快快乐乐地生活了。

人会调节自己适应现实，这是好事。如果没有这种自我调节的能力，人会一直沉溺在痛苦之中。不过，这种能力确实是捕获和探索需求的一个大障碍。例如，张三刚使用某个软件时痛苦不堪，谁做的软件，简直就是狗屎！用了一个月，他不但适应了这摊狗屎，还安慰自己，现在这个不景气的时节,有份工作做就不错了,人家想要来受这份累还没机会呢!这个时候如果需求人员去找他调研改进,他已经把痛苦忘得一干二净,麻木了,习惯了,而需求人员还以为形势一片大好呢!

如果面对痛苦的是一位有钱或有权的人,结果会不一样。让我们把这位有钱有权的人叫做"阿布"。阿布借用了中国人对俄罗斯大富豪罗曼·阿布拉莫维奇(Roman Abramovich)的称呼。2003年,罗曼·阿布拉莫维奇收购英格兰球会切尔西,招来教练穆里尼奥,改变了英超的格局,从此阿布广为人知。

阿布如果断了一只手,他不会像普通人一样善罢甘休。阿布会想:能不能移植一只手?如果肢体移植技术成熟,阿布拍出500万美元,会有"志愿者"乐意把自己的手奉上。如果肢体移植的技术还不成熟,阿布会投资成立一家肢体移植研究中心,招揽优秀医学专家来研究肢体再生和移植技术。再不济,阿布还可以找精密仪器专家帮他定制一只电子手。

在软件开发团队中,当有人提出新的想法时,经常会被马上否定"这太难了,这做不了",最终得到一个平庸的、毫无竞争力的系统。学会像阿布一样思考,有助于克服普通人因资源受限而不敢展开想象的思维障碍。阿布思考法分两步:

(1)假设有充足的资源去解决问题,得到一个完美的方案;

(2)用手上现有的资源去山寨这个完美方案。

如果有一个方案,花费完美方案1%的资源,能达到完美方案20%的效果。这个方案已经是目前最好的方案了,因为它是在突破思维限制以后一步步往后退得来的。

以前在电视上看到的一个辩论让我印象很深。辩论的题目是"慈禧太后幸福还是现代的工人幸福?""工人幸福"的那一方的理由之一是"工人回到家有电视看,慈禧太后有电视看吗?"事实上,慈禧太后虽然没有我们今天的"电视"看,但她有权有势,想看什么戏,只要通过太监传召,各种戏班名角马上入宫开演,而且是3D的、超大屏幕的现场直播。可惜的是,这种生活太昂贵,全国只有她老人家一个人享受,普通人怎么办呢，看山寨版——2D的小电视呗！

许多改善人类现代生活的伟大创新，其实就是用廉价的替代方案来山寨过去富豪和高官的生活，然后让它为平民服务。既然如此，我们就可以推理，将来平民的生活就是现在富豪高官的生活的山寨版。如果善于观察现在富豪高官的生活，想办法山寨后卖给平民，就占到了创新的先机。

财富和权力强烈刺激着周围的"马屁精"削尖脑袋不停地创新，以便让富豪高官过得舒服一点。富豪自不必说，权力的威力往往超越常人想象。如图4-48所示的新闻截屏，一个正处级干部被周围的人侍候得舒舒服服，什么都不用操心照样坐飞机。IT公司的产品经理们何苦在办公室里头脑风暴闭门造车呢？"马屁精"们已经创新过了。去调研然后山寨，卖给初次坐飞机的老太太即可。

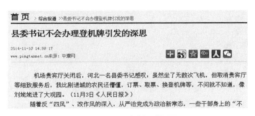

图4-48　新闻截屏

图4-49是赵本山小品《牛大叔提干》的画面，一个副科级干部马经理就足以让胡秘书迸发出"扯蛋"的创新了。

图4-49　《牛大叔提干》画面

如何做一家优秀的网上商店？互相盯着其他网店竞争对手都添加了什么新功能，彼此搞模仿秀就可以了吗？不妨用阿布思考法思考一下，阿布们最喜欢去哪里购物？纽约，苏黎世，还是米兰？去调研阿布们爱逛的商店，看看它们的顶级服务有哪些特色，想办法在网店中山寨。

如何做一个创新的会议管理软件？不要光盯着现有的会议管理软件，不妨思考一下，服务最周到、组织最得力的会议是什么会议？在中国，应该是五年一次的中国共产党全国代表大会吧？之所以服务周到组织得力，未必是靠电脑系统，而是靠经验丰富的人。这些人的经验如果能在会议管理软件中山寨一二，会不会成为亮点？

不去观察和调研，有时很难想象另一个阶层的人是如何生活的，就像过去老农民的"头脑风暴"——"毛主席这么大的官，屋里肯定挂满了烧鸡和油条！"。图4-50据说是蒋星煜《以戏代药》书中的内容（未见过原书，不敢肯定），供大家一笑。

```
京剧中关于这个情节的唱词是这样的：
曹操（西皮快板）
在曹营我待你恩高意好，
上马金下马银美女红袍。
保荐你寿亭侯爵禄不小，难道说你忘却了旧日故交！
然而若是给纯朴的乡亲们唱戏，"美女红袍"之类的话怎能打动人？"手挺猴"又是什么玩意儿？
另又找到一个版本：
曹操（唱）：
曹孟德在马上一声大叫，
关二弟听我说你且慢逃。
在许都我待你哪点儿不好，
顿顿饭饺子又炸油条。（太周到了！）
你曹大嫂亲自下厨烧锅燎灶，（老曹讨了个贤惠婆娘啊）
大冷天只忙得热汗不消。
白面馍夹腊肉你吃腻了，（真是口刁，白旗腊肉还会吃腻？二爷是成心为难曹大嫂）
又给你蒸一锅马齿菜包。
搬蒜臼还把蒜汁捣，
萝卜丝拌香油调了一瓢。（曹大嫂整饭菜的能耐真大）
我对你一片心苍天可表，
有半点孬主意我是屌毛。（老曹太委屈了，放狠话——搁谁谁不委屈啊？！）
```

图4-50 《以戏代药》网页截图

调研阿布们的生活未必要亲临现场（去一趟纽约或人民大会堂有一定代价），看时尚杂志或者网上查资料也是调研。总之，不要闭门造车就是了。

阿布思考法还可以借助他人的想象力。科幻小说和玄幻小说是很好的素材。古代神话中的"千里眼""顺风耳""嫦娥奔月""猴毛变猴"等想象在现代已经实现了,我们还可以想象"一筋斗十万八千里"是什么?虫洞?"天上一日地上一年"是什么?《时间回旋》里的时间梯度?

阿布思考法中的山寨未必要模仿得多像,99%是山寨,1%也是山寨。最简单的山寨就是意淫了,过去皇上后宫佳丽三千,今天单身程序员硬盘里也有东瀛佳丽三千。

阿布思考法来自Barry Nalebuff和Ian Ayres所著书籍 *Why Not?: How to Use Everyday Ingenuity to Solve Problems Big and Small*[Nalebuff,2006]中的第一个技巧"What Would Croesus Do?"。我把它改成了国人更容易理解的阿布,并做了进一步扩展。

本书不提供练习题答案,请扫码或访问http://www.umlchina.com/book/quiz4_2.htm完成在线测试,做到全对,自然就知道答案了。

1. 以下改进属于什么类型的改进?

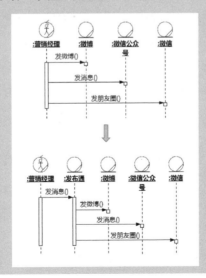

A）提炼接口 B）封装领域逻辑
C）物流变成信息流 D）改善信息流转

2. 现在有些数码相机提供"笑脸捕捉"功能,这属于哪一种改进?

A）提炼类 B）封装领域逻辑
C）物流变成信息流 D）改善信息流转

3. 针对以下业务序列图的改进,说法正确的是_____。

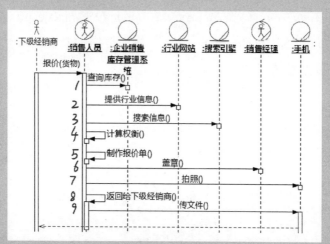

A）标记为1、2、3处有改进二 B）标记为9处有改进三
C）标记为4、5处有改进一 D）标记为4、5处有改进二

4. 有三家网约车公司:D、K和U。它们用各自的模式(姑且称为D模式、K模式和U模式)研发和维护自身业务系统。通过一段时间的竞争,D公司并购了K公司和U公司,成为网约车行业的霸主。并购之后,D公司的研发负责人说"我们胜利了,证明D模式要比K模式和U模式好得多。"

针对以上描述,以下说法正确的是_____

A）在竞争中获胜的公司,其研发方法应该树为典范。
B）D公司研发负责人的话混淆了并存和因果。
C）互联网系统的研发方法和传统软件系统有本质的不同。
D）D模式比K模式和U模式敏捷。

5. 阿布思考法有两个步骤_____

A）首先定位目标客户，然后定制需求。

B）首先做业务建模，再推导出需求。

C）首先山寨，然后慢慢超越。

D）首先不考虑资源限制，然后找山寨版。

6. 以下是过去几年发生的著名事件，哪一个和阿布思考法的内涵近似？

A）明星妻子出轨经纪人。

B）网络名人干**大尺度出任车模。

C）专人给市领导打伞观看小学生冒雨表演。

D）"阿巴"董事局主席马杰克声称自己后悔创建"阿巴"。

7. 如果屌丝男想要送女朋友凤姐生日礼物，以下和阿布思考法相关的思路是_____。

A）凤姐过去收到哪些礼物

B）如果凤姐是绝色美女她会收到什么礼物

C）凤姐自己说出来最想要什么礼物

D）如果凤姐是土豪她最想要什么礼物

4.6 【案例和工具操作】改进业务序列图

回到图4-25的现状业务序列图，从中可以找出一些改进点，如图4-51所示，初步判断这些改进对愿景确实有帮助。

改进后的业务序列图如图4-52所示。

【步骤1】在**业务建模|业务对象**包下的**业务对象**类图上，选择"UMLChina系统2013"，按Crtl+C键，右击**业务对象**类图空白处，从快捷菜单选择Paste Element（s）as New，将新增加的业务实体改名为"UMLChina系统2018"（见图4-53）。

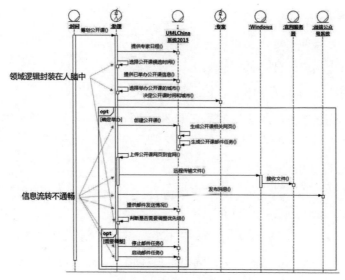

图4-51　现状业务序列图上的改进点

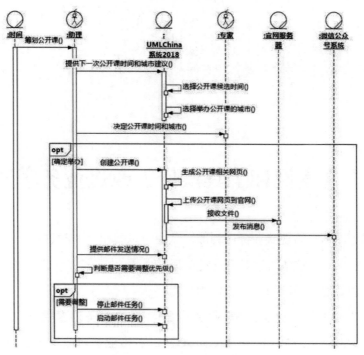

图4-52　改进后的业务序列图

138　软件方法（上）：业务建模和需求（第2版）

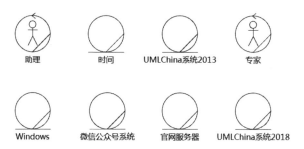

图4-53 添加待引入系统为新的业务实体

【步骤2】展开**业务建模|业务用例**包，右击"参加公开课"用例下的序列图"发通知201706"，从快捷菜单选择Copy/Paste | Copy Diagram，右击"参加公开课"用例，从快捷菜单选择Copy/Paste | Paste Diagram，在Copy Diagram对话框中把Name栏改为"发通知201801"，Type of copy选择Deep，单击OK（见图4-54）。

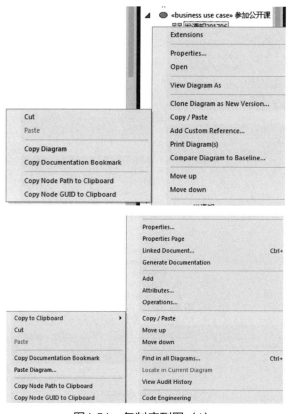

图4-54 复制序列图（1）

第4章 业务建模之业务序列图

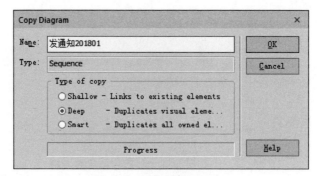

图4-54 复制序列图(2)

【步骤3】右击序列图"发通知201801"中的": UMLChina系统2013",从快捷菜单选择Advanced | Instance Classifier,在Select Classifier对话框选择"UMLChina系统2018",单击OK。可以看到,": UMLChina系统2013"变成了": UMLChina系统2018"(见图4-55)。

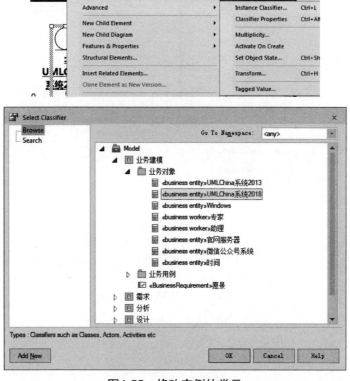

图4-55 修改实例的类元

【步骤4】双击":助理"和":UMLChina系统2018"之间的消息,在Message Properties属性框中单击Operations,把"提供专家日程"改为"提供下一次公开课时间和城市建议"。单击Close,看看Message Properties属性框中的Message栏是否已经变为新的名称。单击OK,可以看到序列图上的消息已经改成了新的名称。如果消息名称的文本框被折行,拖动边界让它变成一行(见图4-56)。

图4-56 修改消息名称(1)

第4章 业务建模之业务序列图

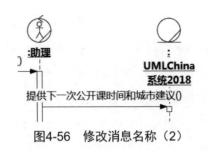

图4-56 修改消息名称（2）

【步骤5】右击消息"选择公开课候选时间"，从快捷菜单选择Advanced | Set Source and Target...，在弹出对话框中，将From Element 和To Element都改为"UMLChina系统2018"，单击OK。针对消息"选择举办公开课的城市"做同样的操作。选择消息"提供已举办公开课信息"，按Ctrl+Delete键，在弹出对话框单击Yes（见图4-57）。

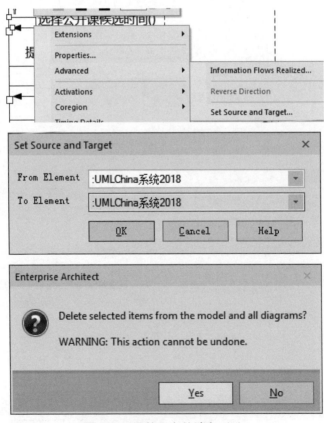

图4-57 调整已有的消息（1）

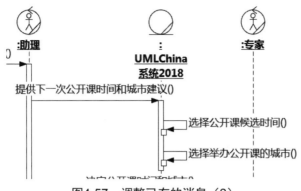

图4-57 调整已有的消息（2）

【**步骤6**】做以下一系列调整。

选择消息"生成公开课邮件任务"，按Ctrl+Delete键，在弹出对话框单击Yes。

右击消息"上传公开课网页到官网"，从快捷菜单选择Advanced | Set Source and Target…，在弹出对话框中，将From Element和To Element都改为"UMLChina系统2018"，单击OK。

右击消息"接收文件"，从快捷菜单选择Advanced | Set Source and Target…，在弹出对话框中，将From Element改为"UMLChina系统2018"，单击OK。

选择"：Windows"，按Ctrl+Delete键，在弹出对话框单击Yes。

右击消息"发布消息"，从快捷菜单选择Advanced | Set Source and Target…，在弹出对话框中，将From Element改为"UMLChina系统2018"，单击OK。

选中消息"接收文件"，单击向右的小箭头，让"接收文件"从属于"上传公开课网页到官网"。

调整生命线让横向间距合适（见图4-58）。

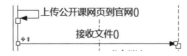

图4-58 调整消息的发送者和接收者（1）

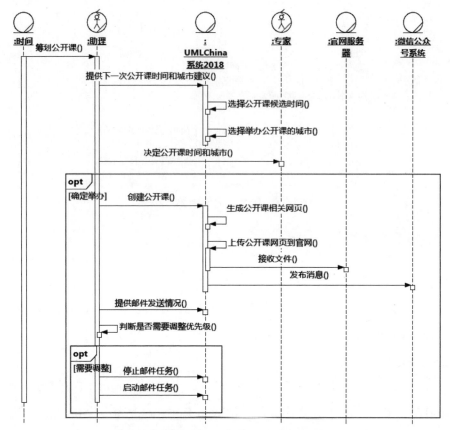

图4-58 调整消息的发送者和接收者（2）

爱情不是你想卖，想买就能卖。

《爱情买卖》；词：何欣，曲：周洪涛，唱：慕容晓晓；2009

第5章 需求之系统用例图

让我们把思考的边界从组织缩小到要研究的系统。有了业务建模的铺垫，系统的用例图呼之欲出，但是我们还是要先来了解一下系统执行者和系统用例的要点，再看看如何从业务序列图映射出系统用例图。

执行者和用例的概念在业务建模的章节已经出现过。现在要研究的执行者和用例，与业务建模时研究的执行者和用例相比，不同之处是研究对象，之前研究组织，现在研究系统。

▶ 5.1 系统执行者要点

系统执行者的定义：在所研究**系统外**，与该系统发生**功能性交互**的**其他系统**。

5.1.1 系统是能独立对外提供服务的整体

封装了自身的数据和行为，能独立对外提供服务的东西才能称为系统。不了解这一点，建模人员很容易把"添加一些功能"当作"研发新系统"。如图5-1所示，系统对外提供了某些服务，这些服务被分为A和B两组，但不能说有A和B两个系统。这个错误其实就是"从需求直接映射设计"的错误，如果没有很好理解第1章所阐述的"需求和设计的区别"，建模人员很容易犯这样的错误。

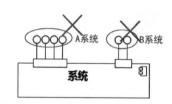

图5-1 错误：把功能分包当成系统

图5-2中A系统和B系统各自封装，通过接口协作，这种情况下可以称为两个系统（或子系统、组件）。

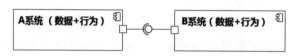

图5-2 通过接口协作的两个系统

例如，建模人员说"我们在做一个积分兑换系统"，画出用例图，如图5-3所示。

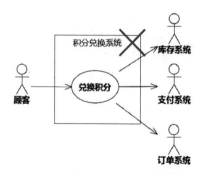

图5-3 错误：胡乱划分系统

实际上哪里有那么多系统，只是同一系统上的功能分包而已，数据都是共享的。正确的用例图应如图5-4所示。

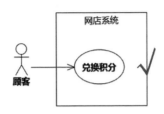

图5-4　系统只有一个

5.1.2　系统边界是责任的边界

系统执行者不是所研究系统的一部分，是该系统边界外的另一个系统。这里的系统边界不是物理的边界，而是责任的边界。

现在大多数的软件运行形态是分布式的。一个系统可能有一部分组件部署在移动终端，其他部分组件可能部署在不同物理位置的Web服务器、应用服务器上，导致建模人员会不自觉地认为自己在做多个系统，然后针对每个部分画用例图。其实他所研发的只有一个系统，上面这些组件都属于系统的设计。涉众根本不在意系统划分成几个组件以及组件之间如何分布和交互。建模人员如果没有学会从涉众视角看问题，只是从自己的角度看问题，就会犯这样的错误。甚至有的人根据研发团队分几个组来判断当前在做几个系统，说两个就两个，说三个就三个，根本不管在客户眼里人家要几个。

严格来说，即使是"单机"的系统，运行形态也是"分布式"的，分布在CPU、高速缓存、主存、辅存等多个部位，互联网可以看作是更大的"单机"，如图5-5所示。

如果根据责任来划分边界，那么一个系统在所研究系统之外的意思是：实现它不属于所研究系统的研发团队的责任——可能是父母通过生物编码实现，也可能是其他公司的程序员编码实现。这意味着一个系统可以分布在多个物理位置，也意味着同一个物理位置可以存在多个系统。

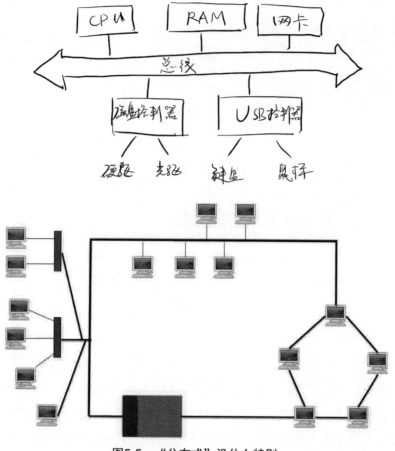

图5-5 "分布式"没什么特别

手机里装了很多软件,物理边界似乎说不清道不明,但从责任上看,哪一段逻辑该由Android封装,哪一段逻辑该由微信封装,哪一段逻辑该由我们研发的系统封装,清清楚楚、明明白白。

图5-6是一个通过物理位置来划分系统的错误例子。做一个通过手机遥控电视的控制软件,因为想到系统将来部署时可能会有一部分部署在手机端,另一部分部署在电视端。建模人员按照物理位置把系统分为手机端、电视端,两个系统画在业务序列图上,映射到系统用例图时,得到两张系统用例图。

正确的用例图应如图5-7所示。

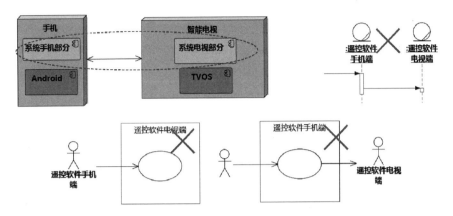

图5-6　错误的遥控软件用例图

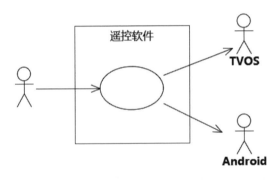

图5-7　正确的遥控软件用例图

边界越模糊，越需要执行者来帮助理清。有的建模人员觉得自己所研发的系统"比较特别"，执行者很难界定，干脆认为"执行者"不适合他们所研发的系统。仔细观察可以发现，该人员所在团队的成员对系统的责任范围根本没有达成共识，而且扯了几个月了还是扯不清楚。这样的想法相当于认为"把公鸡杀了，天就永远不会亮了"。

5.1.3　系统执行者和系统有交互

外系统必须和系统有交互，否则不能算是系统的执行者。

如图5-8所示，一名旅客来到火车站售票窗口，告诉售票员目的地和车次，售票员使用售票系统帮助旅客购买火车票。这个场景中，和火车票售票系统交互的是售票员,他是售票系统的执行者,旅客不是。有的建模人员碰到类似问题时会情不自禁地把旅客当作执行者,因为他觉得售票员是在执行旅客的指令(也许旅客又是执行其配偶的指令),或者觉得旅客比售票员重要,如果不把旅客当作执行者的话,旅客的利益就会被忽略。

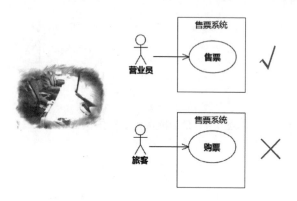

图5-8 旅客不是售票系统的执行者

系统执行者和重要无关。系统执行者只关注哪个外系统和所研究系统接口。这个外系统可能连人都不是,更谈不上重要不重要了。从平时的工作和生活经验我们也可以知道,当系统执行者当得最欢、整天和电脑手机打交道的人,多半不是什么大人物,而是一线的打工仔,例如营业员、办事员、客服等。大人物虽然偶尔也会用软件系统看看报表,但更多的时间恐怕不是敲键盘点手机,而是摸高尔夫球杆。

和重要有关的概念是涉众。在上面提到的售票系统的"售票员→售票"用例中,旅客是很重要的涉众,而且用例不止这么一个涉众。售票员在售票的时候,好多双眼睛在盯着看呢。

> 旅客:担心出错票,更担心拿到了错票自己还不察觉;担心拿到重复的票引起纠纷;担心指定日期没那个车次的票……
>
> 售票员:担心一天出很多张票太劳累;担心出错票被扣钱……
>
> 火车站领导:担心售票员玩忽职守,出错票引起纠纷;担心重复出票造成纠纷……

用例必须在它的路径、步骤和补充约束中考虑这些涉众的利益。

火车票售票系统现在已经提供了旅客自行购票的接口,例如互联网购票、售票机等。这种情况下,旅客也是售票系统的执行者,不过"售票员→售票"和"旅客→购票"是两个不同的用例,它们关注的涉众利益不完全相同,相应的需求自然也不同。旅客不是天天都买票,所以和旅客打交道的用例,交互界面可以浅显一点,交互节奏可以慢一点,甚至可以卖卖广告,而且要特别注意并发容量、网络安全等问题;售票员一天要卖几百上千张票,和售票员打交道的用例,交互应该直截了当。

接下来是一个经常引起争议的问题:还是以售票系统的"售票员→售票"用例为例,假设在售票员售票过程中,旅客前面也有一个界面向旅客反馈他关心的信息,比如余票、当前选择的票等,甚至还可以根据旅客的目的地播放当地旅游景点的广告。这种情况下,旅客是售票系统的执行者吗?

依然不是,因为系统要完成用例不需要等待旅客的响应。旅客就算睡着了也不影响用例的完成。如果售票过程中需要旅客有意识地按键来确认一下,否则票就出不来,那就不一样了,旅客就成了售票系统的"售票员→售票"用例的(辅)执行者。

5.1.4 交互是功能性交互

上面说的交互还引出一个问题:假设售票员使用鼠标和售票系统交互,按道理,比起售票员来,鼠标离售票系统更近,为什么不把鼠标作为售票系统的执行者呢?还有,假设售票系统运行在Windows操作系统之上,那么Windows是不是售票系统的执行者?

辨别的要点就是:执行者和系统发生的交互是系统的功能需求。如图5-9上部的序列图所示,售票员能自如地辨认并控制鼠标,是因为她的大脑里安装了如何使用鼠标的专家系统(可能是老师,也可能是父母安装的)。猴子的大脑里没有这个系统,所以它很可能看到鼠标就一把抓起来往嘴里送。鼠标的移动和点击如何变成有效的输入事件,则由操作系统(包含了鼠标驱动程序）负责。以上这些交互都不是售票系统的核心域概念，售票员和售票系统之间的交互才是，所以售票员才是售票系统的执行者。

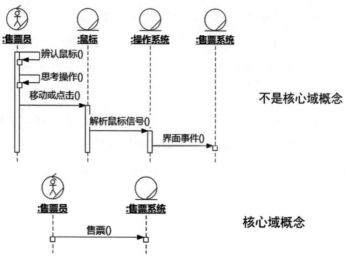

图5-9 售票系统的功能需求

Windows也不会成为售票系统的执行者，因为售票系统和Windows之间的交互很可能只是开发人员的设计，不是需求。涉众只是要求系统又快又好又稳定，并不在意操作系统用Windows还是Linux。如果涉众明确要求操作系统必须是Windows，那么Windows就会成为需求，但也只是设计约束类型的需求，不会成为功能需求。

当然，如果所研究系统是鼠标驱动程序，鼠标会成为合适的执行者，因为这时和鼠标之间的交互成为鼠标驱动程序的功能需求。

5.1.5 系统执行者可以是人或非人系统

系统执行者可以是一个人脑系统，也可以是一个非人智能系统，甚至是一个特别的外系统——时间。在软件业的早期，一个系统的执行者往往全部都是人。随着时间的推移，系统的执行者中非人执行者所占的比例越来越多。现在一个新系统上线，可能只有一半的接口是和人打交道，另一半接口是和非人智能系统打交道，如图5-10所示。

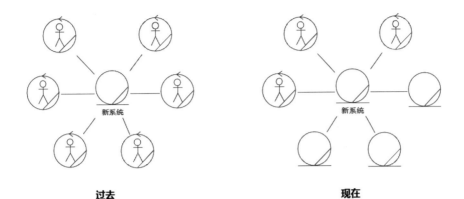

过去　　　　　　　　　　　　现在

图5-10 从"执行者都是人"到"执行者有一些是人"

用例的优势在这里得到了体现。用例技术中"执行者"和"涉众"的概念，把演员和观众分开了。演员（执行者）在台上表演，观众（涉众）在台下看，演员表演什么是由观众的口味决定的，演员可以不是人，但观众肯定是人。演员如果是人类，那么在观众席上也会有一个位置，不过在第几排就不知道了。

用例使用"执行者"和"涉众"代替了原来的"用户"，这是一个非常大的突破。"用户"这个词混淆了演员和观众的区别。过去经常说"找用户调研需求"，这是错误的。所谓"用户"，就是上台表演的人类演员。找用户调研需求，相当于找演员问剧本应该是什么内容，岂不是很荒谬？剧本应该由编剧向观众调研编写出来，然后由各路演员在台上演绎。

上面已经说过，在台上当"用户"当得越欢的涉众，往往在涉众排行榜上排位越靠后。整天操作电脑搞得手僵脖子硬的"用户"，有几个是职位高的呢？真正位高权重的涉众，虽然偶尔也会上台表演，但更多的时候是坐在台下看戏。建模人员如果过多地关注"用户"，花在重要的前排涉众身上的时间可能就不够了。

像"用户故事"这样的方法在开发一些面向大众的互联网系统时还能应付，因为这类系统的执行者往往属于前排涉众。如果开发涉众较多、利益冲突微妙的系统，应该采用用例这样更严谨的需求技能。

越来越多的系统执行者不是人类，也就是说没有"用户"。两个电脑系统交互的需求，难道就不用做了，或者可以随便做？非也。那只是相当于上台表演的不是人，是功夫熊猫、变形金刚和喜羊羊灰太狼，但是台下对表演说好说坏的观众依然是人。建立"执行者和系统在台上表演，涉众在台下看表演"的概念，在执行者为非人系统时对捕获需求很有帮助。

5.2 【步骤】识别系统执行者

从业务序列图映射系统执行者

如果没有做业务建模，识别系统执行者只能靠头脑风暴。可以思考类似下面的问题：什么人会使用系统来工作？什么人负责维护系统？系统需要和哪些其他智能系统交互？有没有定时引发的事件？

有了业务建模，就不需要头脑风暴了，直接从业务序列图映射即可。业务序列图上，和所研究系统有实线相连的对象映射为所研究系统的执行者。图5-11是某个房屋中介组织"寻找租客线索"的业务序列图，从中可以看出，和线索管理系统交互（有实线相连）的有线索部经理、外呼人员、电信电话系统和CRM，它们就是线索管理系统的执行者。映射到系统用例图，如图5-12所示。

本书为了讲解需要，故意把系统执行者和系统用例分成两次识别，此处只识别系统执行者。实际工作中，系统执行者和系统用例是一起识别的。

图5-12中执行者不再带有斜杠，因为这时候研究对象是系统。有的执行者画在边界框左边，有的则画在右边，是为了方便表达主执行者和辅执行者。这方面内容稍后再详述。

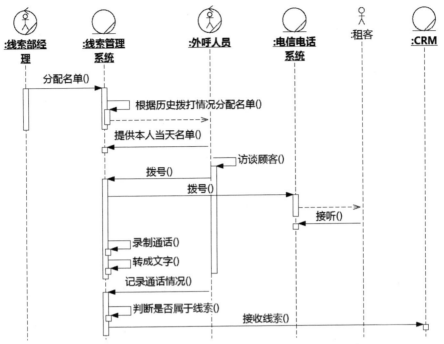

图5-11 业务序列图：寻找租客线索

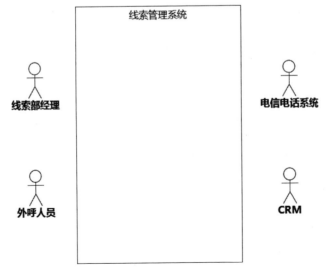

图5-12 从业务序列图映射得到系统执行者

第5章 需求之系统用例图

本书不提供练习题答案，请扫码或访问http://www.umlchina.com/book/quiz5_1.htm完成在线测试，做到全对，自然就知道答案了。

1. 以类似_____这样的系统为研究对象时，"打印机"作为执行者是合适的。

   A）Word   B）财务报表系统
   C）Photoshop   D）打印管理器

2. 市民想给交通卡充值，来到营业点把钱和卡一起递给营业员，营业员操作"充值系统"充值。针对"充值系统"的执行者，以下看法正确的是_____

   A）执行者应是市民，因为市民比营业员重要，而且营业员最终执行的是市民的指令。
   B）执行者应该是充值系统，因为充值由充值系统完成。
   C）执行者应该是营业员，系统执行者与重要无关。
   D）市民和营业员一起作为执行者。

3. 根据以下业务序列图，请问属于"一卡通系统"执行者的是（可多选）_____。

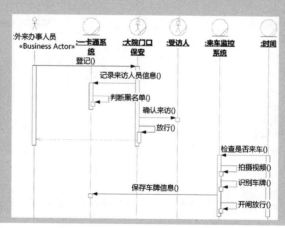

A）外来办事人员

B）一卡通系统

C）大院门口保安

D）受访人

E）来车监控系统

F）时间

4. 以下说法正确的是（多选）_____。

A）业务执行者不一定是系统执行者

B）系统执行者一定是业务执行者

C）系统执行者一定是业务工人

D）系统执行者一定要和系统交互

E）系统执行者一定是系统的涉众

F）系统的涉众一定是系统执行者

5. 作为新一代的需求技术，用例用"执行者"取代了"用户"，关于这两个概念，以下说法正确的是（多选）_____

A）实际上是一回事，只是某些方法学家炒作概念而已。

B）"用户"把演员和观众混在一起了。

C）"执行者"指的是"客户"，比"用户"更加值得关注。

D）"执行者"可以不是人，"用户"默认是人。

E）"执行者"不一定直接使用系统，"用户"一定直接使用系统。

F）"执行者"之间可以有泛化关系，"用户"没有。

6. 类似"用户故事"之类的需求描述方式，在开发一些面向大众的互联网系统时还能应付，原因是_____

A）互联网比较注重创新，用户故事也比较注重创新。

B）互联网比较注重敏捷，用户故事更敏捷。

C）互联网系统的"用户"和前排涉众重叠程度较高。

D）故事的方式更适合和低学历的大众沟通。

5.3 系统用例要点

5.3.1 价值是买卖的平衡点

系统用例的定义：系统能够为执行者提供的、涉众可以接受的价值。和第3章的业务用例相比较，研究对象从组织变成了系统。要理解好系统用例，重点依然是之前所强调的买卖平衡点、期望和承诺平衡点。

以ATM为例，"储户→登录"不是它的用例，因为储户对ATM的期望以及ATM能做的承诺不只是登录。或者这样思考，ATM不能这么叫卖："来啊来啊！我这里能登录啊"，然后储户就说"哇，真棒，这正是我想要ATM提供的服务，好，我去用一用"。

或者可以设想可能观察到的场景：

张三要出差，发现身上没现金，到ATM那里取现金，然后离开ATM忙别的去了。

客户给张三卡里转了5000元，电话请张三查收，张三到ATM那里看看自己的卡当前余额多少，脑子里想想是不是比之前多了5000元，然后离开ATM忙别的去了。

以上两个场景在典型的业务流程中可以观察到，而下面的场景就比较离谱了：

************，张三到ATM那里登录，然后离开ATM忙别的去了。

所以，ATM正确和错误的用例如图5-13所示。

用例之前的许多需求方法学，把需求定义为思考系统"做什么"，用例把需求提升到思考系统"卖什么"的高度。这种思考是非常艰难的，因为它没有标准答案，只有最佳答案。要得到这个最佳答案，不能靠拍脑袋，必须揣摩涉众。要得到合适的用例，需要有一颗善于体察他人的心。如果建模人员总是习惯于从自己的角度想问题，那么让他思考"什么是系统应该提供的价值"有时甚至会让他痛苦到想要逃避，或者干脆用功能、特性等模糊不清的词语代替。

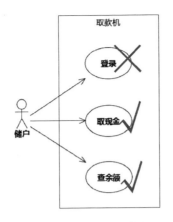

图5-13 ATM的用例

但是逃是逃不开的,生活中处处都需要这样的思考。人们求职、求偶不就是要搞清楚"我"这个人脑系统应该卖给谁,卖什么服务的最佳答案吗?我会吃喝拉撒,你不愿意为此给我报酬;你想要长生不老,我又提供不了这么大的价值。要找到一个我能干好而且你又乐意买单的平衡点,确实很难。

例如,"程序员"这个人脑系统为它的老板提供的用例是什么?安装开发工具?编码?为公司赚钱?答案是编码,这是老板对程序员的期望以及程序员可以提供的承诺的平衡点,或者说,这是程序员能卖、老板愿意买的价值。程序员不能因为装了个Visual Studio就理直气壮地向老板要报酬,老板不给就生气;程序员按要求编出了代码,老板就不能因为销售部门不给力或经济崩溃导致赚不到钱而责怪程序员。正确和错误的用例如图5-14所示。

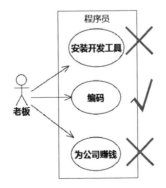

图5-14 程序员人脑系统的用例

程序员如果摆错了自己的位置，没有好好完成编码的本职工作，反倒是动不动向老板上"万言书"，对公司的发展方向大放厥词，老板是不会喜欢的，因为他不期望从程序员身上"购买"这个服务（用某知名企业领导人的话说就是：有精神病就送医院，没精神病就辞退）。

可见，搞清楚自己的"用例"，认清自己的定位，对人生多么重要。如果您不断通过用例思维来思考系统的价值，就能训练出越来越强大的发现价值的能力。无论打工还是创业，这种发现价值的能力都可以让您受益。

5.3.2 价值不等于"可以这样做"

回到上面ATM的例子，可能有人会"较真"了：什么，你说没有人会登录了就离开？我今晚下班就去ATM那里登录一下，然后走人给你看！那么我们来看看下面的例子。

电视台节目主持人小崔经受着失眠的痛苦，经常精神恍惚。有一天晚上他在ATM取现金时，居然恍惚到把银行卡往ATM一插就走开了。回家之后，发现自己可能会丢钱，心里居然生出一种舒适感，过一会儿就安然入睡了。小崔尝到这个甜头后，干脆睡不着时就跑到楼下ATM插一张卡，回家后果然酣然入睡。在小崔看来，千金难买安稳觉，这样做是划算的。

请问：如果世界上确实有小崔这样的人，那么插卡是ATM的用例吗？

不是。理由：小崔不是ATM的目标执行者。虽然ATM无法防止小崔这样做，但把ATM摆在大街上的初衷不是让小崔这样的人这么用的。当然，不排除有厂家看到"类小崔人群"的痛苦，分析背后的心理后，制造出面向"类小崔人群"的助眠专用ATM。那已经是另外一款产品了。

再看下面的例子。一个办公系统，科员有两个用例A和B。科长比科员级别高，所以除了自己的用例，还可以使用科员的用例。处长级别最高，想做什么就做什么，没人敢拦着。所以，建模人员画出了图5-15这样的蜘蛛网用例图，把执行者和用例的关系误解成了权限管理。

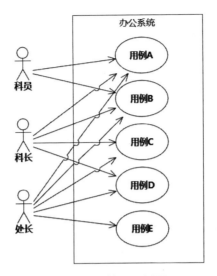

图5-15 蜘蛛网用例图

用例的执行者只是表明这个用例是为这一类执行者而做的，但不代表系统一定要有权限控制以防止其他的人或电脑系统使用该用例。即使系统确实需要有权限控制，而且角色的划分和执行者相近，也要把这两者分开，更不可以因为系统不设权限控制，所以把执行者的名字合并为"用户"。图5-15应改成图5-16。

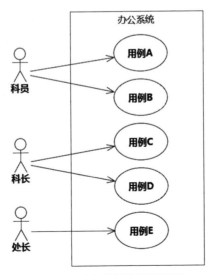

图5-16 明确用例为谁而提供

第5章 需求之系统用例图

一罐可乐打开放在那里，乌鸦路过也可以喝，可乐本身并没有权限管理防止乌鸦喝它，但乌鸦仍然不是可乐的执行者，因为乌鸦不是可乐的目标客户。

理解了上面两个要点，经常被讨论的"粒度"困惑就不存在了。用例不是面团，任由建模人员关在办公室里乱捏——"我觉得那个用例粒度大了，捏小一点，那个用例粒度小了，捏大一点"，你以为你爸是李刚，随便做点什么都有人买单吗？建模人员只能根据目标涉众心中对系统的期望来确定系统应该提供什么样的服务。

有的书中给出"最佳粒度原则"。例如：一个系统的用例最好控制在××个之内，一个用例的基本路径最好控制在×步到×步之间……这些是没有根据的。市场需要各种各样的系统，有功能众多的，也有功能单一的，有一步到位的，也有交互复杂的。应该把屁股坐到涉众那边去，揣摩涉众的心理，实事求是地写下来。不过，"粒度""层次"这些概念迎合了建模人员的"设计瘾"，很容易误导建模人员。

如果建模人员在粒度问题上激烈争吵，纠缠不清，有可能已经犯了错误。最常犯的错误是把步骤当作用例。如图5-17所示，右侧的"验密码"和"扣除金额"其实只是用例"取现金"的步骤（一眼可以看出其主语是系统），不是用例。Include（包含）关系也不是这样用的。Include的目的是为了复用在多个用例中重复出现的步骤集合，形状往往是多个用例Include的一个用例。看到这种一个用例Include许多个用例的形状，基本上可以判断它犯了把步骤当作用例的错误。正确的做法是：把右侧的"验密码"和"扣除金额"作为步骤写在用例规约中。

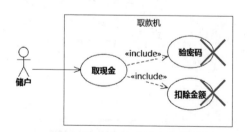

图5-17　错误：把步骤当作用例

5.3.3 增删改查用例的根源是从设计映射需求

打开一些用例图,映入眼帘的用例是四个四个一组的。仔细一看,刚好对应了数据库的四种操作。相当于把数据库的各个表名加上新增、删除、修改、查询,就得到了用例的名字。很多用例书籍和文章都提到了这个典型的错误,有的建模人员就学乖了,干脆把每四个用例合并,改名叫"管理××"(或"××管理"),然后新增、删除、修改、查询等用例再扩展它,如图5-18所示,可惜依然是换汤不换药。

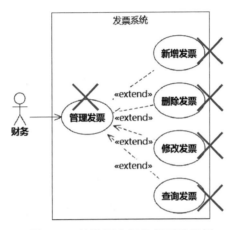

图5-18 从数据库视角得到的用例

乍一看好像也可以理解。不管前面的业务多复杂,到数据库这一层,不都是新增、删除、修改、查询吗?有位开发人员和我说过,"潘老师,我找到了抑制需求变更的好方法,把数据库的表和字段当成需求不就行了吗?业务变来变去,数据库的表和字段是相对稳定的。"我还见到过这样的软件系统:在界面上把所有的"新增"功能都放在一起,根本不管这些功能是给不同的人在不同时间和不同业务流程中使用的。程序员肯定想"反正都是在数据库里新增一条记录嘛"。

问题在于:做需求的目的不是为了安慰自己或走过场,而是让系统更加好卖。需求工作中,我们所写的每一个字,所画的每一张图都必须对好卖有推动作用,否则还不如不做。即使再难,也只能从涉众的视角来定义需求，不能贪图方便选择一个自己熟悉的视角应付了事。如果允许应付了事，我还有更好的绝招：我就是程序，程序就是我。您问我，某某系统的需求是什么？我回答：就是0和1的组合。对吗？对得不得了。可惜，这种正确而无用的废话，对做出好卖的系统没有帮助（见图5-19）。

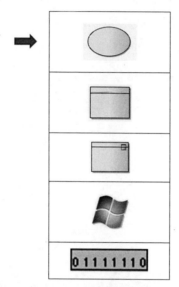

图5-19 从涉众视角得到的才是用例

如何避免这样的错误呢？老老实实去研究业务流程，做好业务建模，尽量从业务序列图中映射出系统用例，这样得到的系统用例是不会骗人的。新增、修改、删除、查询、管理、改变状态……这些词是数据库的"鸟语"，不是领域里的"人话"。业务流程中不会有人说，小张等一下，我到系统那里去管理一下发票，只会说，我去开一张发票，我去作废一张发票，我去开一张红字发票……而且，这些事情以不同的频率发生在不同的业务流程中。所以图5-18的用例图应该修改为图5-20。

还会有人有困惑。从图5-20的发票系统，可以猜想系统会保存有开票员的信息，难道不能有"添加开票员""删除开票员""编辑开票员"等用例吗？当然可以，关键是"系统应该有这个用例"这个结论是如何推导出来的。

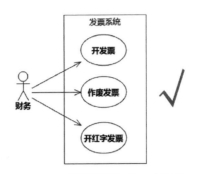

图5-20 "说人话"的正确用例

因为数据库里有一个"开票员"表,所以应该有"新增开票员""删除开票员""编辑开票员""查询开票员"等用例。这个思路是错的。

当开票量较大而且需要即时开票时,如果只有一个开票员,则无法应付,需要增加开票员,这样就可以独立开票而且明确责任,所以系统需要为管理员提供一个"添加开票员"的用例。这个思路是可以的,而且我们还可以看到这里提到了领域知识,后面写用例规约时寻找到的涉众利益也会丰富得多。

有些建模人员懒得思考,干脆一口咬定"有些系统用例就是在业务流程中无法体现",这怎么可能呢?认真思考、如实描述改进之后的业务流程应该是怎样的,肯定能找到。系统都是在业务流程中起作用的,不会有人无缘无故突然就使用系统来做事情,只是建模人员没有认真观察而已。

5.3.4 从设计映射需求错误二:"复用"用例

增删改查用例实际上就是从设计映射需求,导致"复用"用例的一种情况。我们再看图5-21的例子。

从不同的业务序列图分别映射得到系统有右边四个用例,但有的建模人员会动起心思:这些实现起来不都是针对"缺陷"表来"Select ×××from 缺陷 where ×××"吗,合并成一个用例"查询缺陷"多好!于是得到左边的结果。实际上,右边这四个用例面对的执行者不同,背后的涉众利益也有差别。

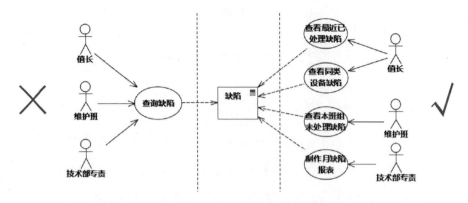

图5-21 "复用"用例错误示例——缺陷管理系统

用例是涉众愿意"购买"的、对系统的一种"用法",只要涉众愿意"购买",当然是越多越好。同样的制作材料,变出更多可卖的价值,说明您的设计能力强,制作成本低,何乐而不为?

可惜建模人员经常会犯傻,不自觉地合并用例,相当于告诉涉众说,你真笨,你买我这些功能,其实都是我用同样几个类作为零件灵活组装出来的。干脆,你成本价把我的零件买走,自己去组装吧!首先,研发团队这边赚不到钱;其次也是更关键的是,顾客是不乐意买的,因为市场有分工,顾客有他自己最值得做的事情,否则他干嘛不干脆自己开个厂组装赚钱?

说到这里,可能有人就会说了:哇,这样的话我故意把用例搞多一点,搞他1000个用例,那不是乱套了?——"我爸是李刚"的感觉又来了,用例是你搞出来的吗?是客户乐意"买"才有的。如果说真的按照"卖"的思路去找,确实是这么多,那是好事!事实上,用例的大量膨胀根本不是因为这个,而是因为建模人员把很多不是用例的步骤当成用例画出来了!

害怕用例多了会导致工作量大增,背后可能隐藏着这样的问题:研发团队做分析设计时缺乏循序渐进的抽象能力,只会把需求直通通地映射,所以害怕用例变多，或者在发现"此处似乎可以抽象"时害怕此时不抽象以后就忘记了。研发团队分析设计能力不足，会反向损害需求的质量，进而损害系统在市场上的竞争力。

我们来看现实生活的例子。面馆老板的赚钱之道是用若干种原料（组件）灵活组合出许多吃法（用例）卖给不同的顾客。同样是以面粉、肉、菜为主原料，面馆可以做出馒头、包子、花卷、烧饼、饺子、馄饨、锅贴、烧麦、春卷、油条、发糕……拉面、刀削面、擀面、擦面、扯面、油泼面、担担面、拌面、焖面、面疙瘩、揪面片、手擀面、拉条子、炒面……臊子面、沙茶面、茄丁面、酸菜面、鸡蛋面、虾仁面、牛肉面……

我去面馆就餐，点了一碗馄饨，过了一会儿，老板端来一碗饺子。我说，"老板，这是饺子，不是馄饨！"老板肯定不能嘲笑我，"笨，饺子和馄饨98%是一样的，都是面粉和肉菜的组合，制作工艺也差不多，你就将就着吃吧！"要是这样，我会扭头就走，到隔壁吃去了。老板可以把饺子端回后厨，经过快速分解，重新组合，几分钟之后饺子变成了馄饨，然后又端出来给我。我并不了解馄饨哪里来的，只要味道比隔壁的好，价格又公道，我就吃呗。

遗憾的是，许多研发团队没有能力低成本把饺子变成馄饨，而倒掉重做一锅成本又太高，只好哄顾客"其实你要的就是饺子""我们的馄饨就是这个特点"。顾客第一次可能会将就，下次就不再光顾了，毕竟街上的面馆不止你这一家。

讲到这里，就要来说一个需求的基本要点：需求不考虑"复用"，如果考虑"复用"，要警惕自己是不是已经转换到了设计视角来思考问题。

再举几个类似的"复用"用例错误的示例供参考。

图5-22犯的错误和图5-21一样。因为最终结果都是导致数据库的"保单"表里增加一行，建模人员干脆让几个执行者共用一个用例"新增保单"。

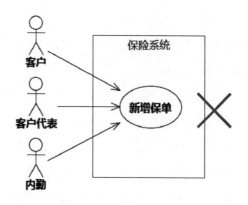

图5-22 错误:因数据库都是添加保单记录而"复用"用例

正确的用例图如图5-23所示。

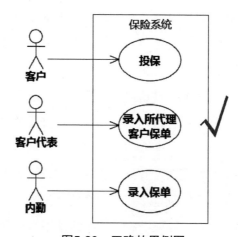

图5-23 正确的用例图

客户在家里通过网络投保,操心的是"可别上当";客户代表录入自己代理的客户的保单时,操心的是"佣金要高";内勤面对堆积如山的待录入保单,操心的是"省力一点"。从"卖"的角度来看,这是系统的三种不同用法,背后的涉众利益不同。不能用"都是往数据库的保单表里插入一条记录啊"这样的理由合并而抹杀其中的差别。

下一个错例如图5-24所示。因为顾客、店员和经理都参与了退货的流程,干脆共用一个用例"退货"。

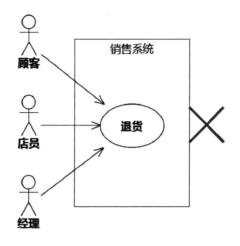

图5-24 错误：因为参与同一业务流程而"复用"用例

正确的用例图如图5-25所示。

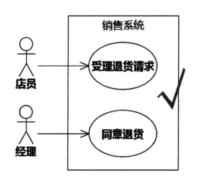

图5-25 正确的用例图

图5-21、图5-22和图5-24的错误用例图有一个共同点：多个执行者指向同一个用例。已完工的用例图不应该出现这样的形状，如果出现，可以有两种修改方法。要是我们揣摩系统的这个用例针对这几个执行者来说并无区别，就泛化出抽象的执行者，或者不需要泛化关系，直接用单个更合适的执行者代替；反之，如果对不同执行者来说有区别，就把该用例分成几个不同的用例。后一种往往更常见，如图5-26所示。

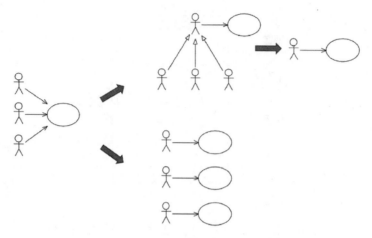

图5-26 出现多执行者指向同一用例时的修改方法

5.3.5 系统用例不存在层次问题

系统用例的研究对象就是某特定系统，不是组织，也不是系统内的组件。如果存在"层次"上的疑惑，背后的原因是研究对象不知不觉改变了。

像医院信息系统的用例，有人会画成图5-27，原因可能是前面没有画业务用例图和业务序列图，所以建模人员头脑里不知不觉把医院信息系统的价值和医院的价值混在一起了。

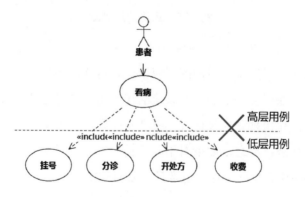

图5-27 错误的"高层"用例：混淆组织的价值和系统的价值

再看图5-28中的防汛系统用例图，把系统的愿景当成了"高层"用例。

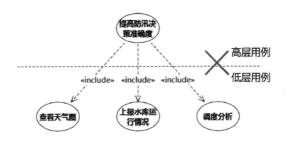

图5-28 错误的"高层"用例：把愿景当作用例

以上错误是因为缺少业务建模导致研究对象不知不觉地改变。下面的错误更常见——为系统的"模块"画用例图。如图5-29所示，建模人员觉得系统的用例比较多，所以把用例分了包，认为"记录出车""记录违章"等是"车辆管理模块"的用例。

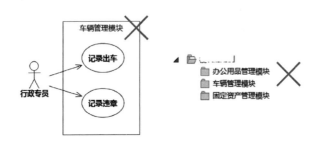

图5-29 错误：模块的用例

图5-29是错误的。用例很多时可以将用例分包，但用例包是从外部对系统用例所做的分包，里面的用例依然是系统的用例，不是用例包或"模块"的用例。正确的图如图5-30所示，用例包的命名保留领域词汇即可，删掉"管理""模块"等字眼。

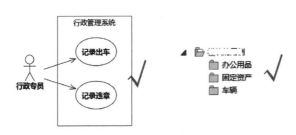

图5-30 用例仍然是系统的用例

图5-29的错误实际上就是第1章提到的"从需求直接映射设计"的错误，从外部（功能分包）直接映射内部（构成组件）。我们可以说吃喝拉撒是"人"的功能，但不能说是"吃喝拉撒模块"的功能。从内外两个角度分割系统是有区别的，如图5-31所示。

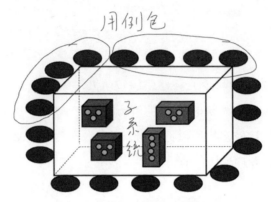

图5-31 内外分割系统的区别

上面说的是内外不分的情况。假设建模人员已经清楚内外的区别，他理解的子系统确实就是子系统。那么，可不可以如图5-32所示为子系统画用例图，方便分包给研发团队各小组开发？

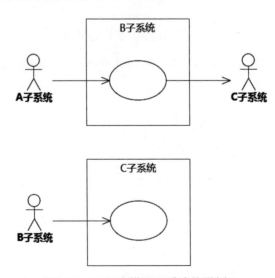

图5-32 可以这样画子系统的用例吗

答案仍然是否定的，理由是：客户找你买的是整个系统，他不关心内部分成几个子系统以及它们之间如何协作，这不属于需求。如果要表达这些内容，可以用类图、序列图、组件图等，不需要用例图。

经常在这个地方"我爸是李刚"的思想又冒头了——如果我在研发团队内部把它当成几个独立系统来开发，那么分别画用例图不行吗？假如您看到这里，也刚好冒出这样的想法，原因可能是还没有学会从卖的角度看需求，那么真应该从头再阅读本书。要是反复阅读后还是无法理解，有可能您真的是"我爸是李刚"，也有可能本书对您确实没有帮助，不必再看下去了。

5.3.6 用例的命名是动宾结构

用例的命名是动宾结构，例如"取现金"。动词前面可以加状语，宾语前面可以加定语，把一句话的主语砍掉，剩下的可以作为用例的名字。

给用例起名时不要使用弱动词。用例之前的需求技术，可能是以"名字+动词"的形式命名系统的功能，例如"发票作废"，后来要改成用例的动宾结构了，有的建模人员就在前面加一个弱动词"进行"，就变成了"进行发票作废"，这个也是不合适的。

如果"名词+动词"已经成为行业中的一个术语，也未必要严格的动宾结构。例如"成果分析"在某行业是一个术语，也就不必硬要倒过来变成"分析成果"了。

本书不提供练习题答案，请扫码或访问http://www.umlchina.com/book/quiz5_2.htm完成在线测试，做到全对，自然就知道答案了。

1. 以ATM为研究对象,"登录"不是用例,但是,以_____这样的系统为研究对象时,"登录"作为用例是合适的。

   A)支付宝　　　　　　　　　B)指纹扫描仪
   C)门禁　　　　　　　　　　D)OA系统

2. 以ATM为研究对象,"输入密码"不是用例,但是,以_____这样的系统为研究对象时,"输入密码"作为用例是合适的。

   A)密码保险箱　　　　　　　B)支付宝
   C)门禁　　　　　　　　　　D)指纹扫描仪

3. 经过连续八轮不胜,穿着绿色球衣的主队终于2∶1险胜客队。主场球迷小张兴奋至极,从球场出来后经过街边一台ATM时,掏出一把钥匙在ATM外壳刻了几个字"**永远争第一"。请问,"刻字"是不是ATM的用例?

   A)是。没有人强迫小张,这是他自愿做的。
   B)不是。用例应该是"支持球队"。
   C)不是。ATM摆在那里的初衷不是为了让人刻字。
   D)不是。小张并没有从刻字获得任何好处。

4. 员工小张每天早上到办公室第一件事就是打开电脑,登录办公系统后扫两眼今天该做的事情有哪些,然后就离开电脑做事情去了。以办公系统为研究对象,以下说法正确的是_____。

   A)"登录"不是用例,用例是"查看当日任务"
   B)"登录"不是用例,因为小张不登录也可以看到自己的任务
   C)"登录"是用例,因为小张登录后已经达到使用系统的目的,然后离开了
   D)"登录"是不是用例,应该按照办公系统的研发团队在开发时划分模块的情况而定

5. 我们经常会听到有人说"系统分为几个功能模块"。针对"功能模块",以下说法正确的是_____。

   A)它把外部和内部混在一起了
   B)它可以看作是用例的一种分包

C）它相当于系统的内部组件

D）它相当于系统的低层用例

6. 主执行者和辅执行者的区别是_____。

A）主执行者直接和系统交互，辅执行者间接和系统交互

B）主执行者发起用例，辅执行者被动参与

C）主执行者发送数据，辅执行者接收数据

D）主执行者是人，辅执行者不是人

7. 为了保障学校的安全，学校安装了监控系统。系统按照一定的频率不停拍摄访客的影像，显示给坐在监控室里的保安看。根据以上描述，最合适的用例图是_____。

A）

B）

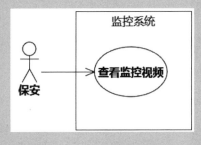

C）

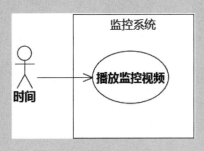

D）

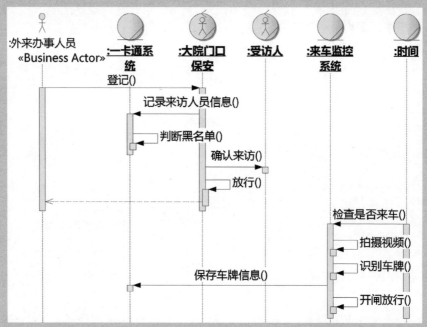

8. 根据以下业务序列图，请问属于"一卡通系统"用例的是（多选）_____。

A）外来办事人员→登记

B）一卡通系统→判断黑名单

C）大院门口保安→记录来访人员信息

D）受访人→确认来访

E）来车监控系统→保存车牌信息

F）时间→检查是否来车

9. 以下用例图的错误应该如何改正?

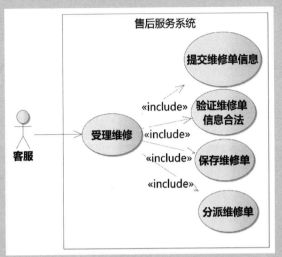

A)提交维修单信息是客服的责任,应该删掉。
B)将<<include>>箭头方向反过来。
C)右边四个只是步骤不是用例,删掉。
D)标出各用例的先后顺序。
E)将<<include>>改成<<extend>>。
F)将右边四个放在下一层次用例包中。

10. 以下形状中,哪些是已完成的用例图可以出现的?(多选)

A)

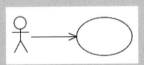

B)

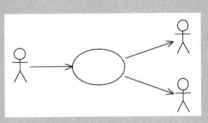

C)

D)

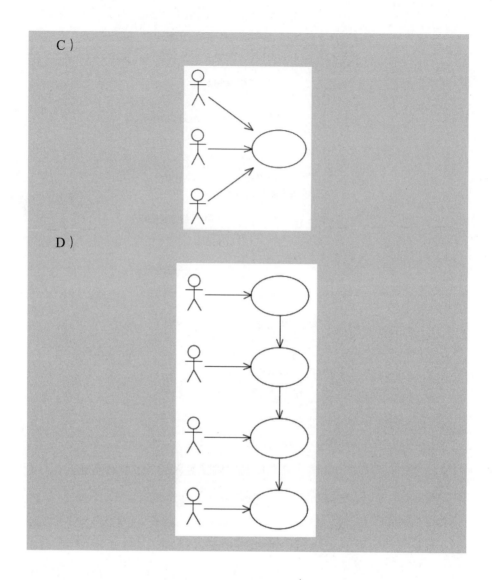

5.4 【步骤】识别系统用例

其实只要认真做好业务建模，从业务序列图上映射系统用例，得到的结果自然就会符合上面说的这些要点。

业务序列图中，从外部指向所研究系统的消息，可以映射为该系统的用例。我们从图5-11的业务序列图上找出从外部指向"线索管理系统"的消息，如图5-33所示，然后映射成"线索管理系统"的用例图，如图5-34所示。

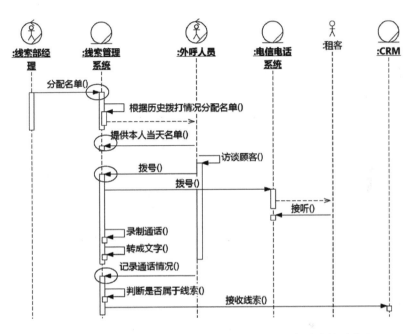

图5-33　在业务序列图上找到从外部指向所研究系统的消息

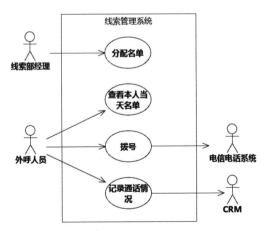

图5-34　从业务序列图映射得到系统用例

图5-33中,"外呼人员"指向"线索管理系统"的消息为"提供本人当天名单",但在图5-34中,用例名改成了"查看本人当天名单"。因为序列图上的消息代表"请求某系统做某事",用例代表"用某系统来做某事",所以有的地方要调整。

图5-34的用例图中,有的箭头是从执行者指向用例,这样的执行者称为用例的**主执行者**,有的箭头是从用例指向执行者,这样的执行者称为用例的**辅执行者**。主执行者主动发起用例的交互,辅执行者在交互的过程中被动参与进来。UML标准中,执行者和用例之间没有要求使用箭头,但我认为用箭头表示主、辅执行者是有意义的,建议还是加上。

辅执行者这个概念是被误用比较多的。最常见的错误是把信息的接收者或者将来可能使用信息的人当成辅执行者。还是以图5-34中线索管理系统为例,有人可能画成图5-35,因为他认为线索部经理使用线索管理系统分配名单给外呼人员,箭头代表数据的流动方向,所以画一个箭头指向外呼人员。

实际上,箭头代表的是责任分配,图5-35的意思是:线索部经理使用线索管理系统分配名单的过程中需要外呼人员的帮忙,如果外呼人员睡着了没有响应,用例的目标就受到影响。显然,这不符合事实,所以,外呼人员不是"分配名单"用例的辅执行者,应该从图上删掉它。

图5-35 错误:把可能会用到所产出信息的人当作辅执行者

另一种辅执行者的误用刚好反过来,把信息的来源当作辅执行者。如图5-36所示,建模人员认为外呼人员要想使用线索管理系统来查看本人当天名单,会"依赖于"线索部经理事先分配好名单。这同样是错误的,在用例进行过程中不需要线索部经理的参与,所以线索部经理不是"查看本人当天名单"用例的辅执行者,应该从图上删掉它。

图5-36 错误：把提供用例所需信息的人当作辅执行者

以上错误的原因很多是因为前面没有画业务序列图，导致建模人员在画系统用例图的时候产生焦虑，总是希望在图上多放一些信息，以免自己忘记了。

一般来说，辅执行者是非人智能系统的情况较多，人脑系统作为辅执行者的情况比较少，所以碰到辅执行者是人的时候，要多留心。

图5-37展示了辅执行者是人的例子。营业员使用营业系统为顾客办卡，在用例交互过程中，需要顾客配合输入账户密码，否则办卡用例不能成功，这时顾客是合适的辅执行者。

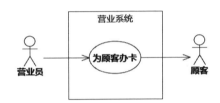

图5-37 合适的辅执行者

最后要注意的是，主、辅执行者是针对某个用例来说的，一个外系统可以是这个用例的辅执行者，也可以是另外一个用例的主执行者。"××是系统的主（辅）执行者"的说法是错误的。

▶5.5 【案例和工具操作】系统用例图

我们从图4-52的业务序列图上找出从外部指向"UMLChina系统

2018"的消息，如图5-38所示，然后映射成"UMLChina系统2018"的用例图，如图5-39所示。

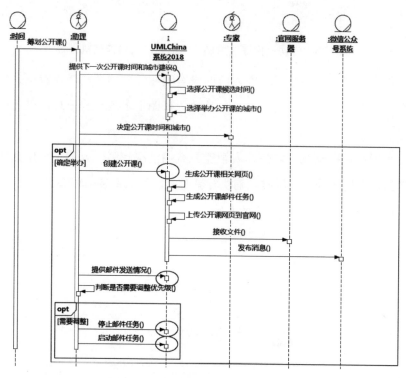

图5-38 在业务序列图上找到从外部指向"UMLChina系统2018"的消息

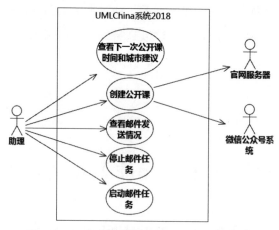

图5-39 "UMLChina系统2018"的用例图

图5-39中，有两个用例的名字和序列图上的消息名称不完全相同——"查看下一次公开课时间和城市建议"和"查看邮件发送情况"，这是因为序列图上的消息是"A请求B做某事"，而用例的名字是"A使用系统来做某事"。

【步骤1】展开**需求**包下的**系统用例**包，双击**系统用例**用例图，出现空白的系统用例图。单击工具箱中的 Boundary，再单击图的顶部中间，在文本框中输入"UMLChina系统2018"，拖动边界框的边调整到合适的大小（见图5-40）。

图5-40　放置边界框，确定研究对象

【步骤2】单击工具箱中的 Actor，单击边界框的左侧，在文本框输入"助理"（见图5-41）。

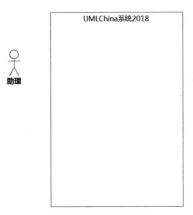

图5-41　添加系统执行者

【步骤3】单击工具箱中的 ● Use Case，单击边界框内，在文本框输入"查看下一次公开课时间和城市建议"。调整用例椭圆的大小，使文字排列整齐（见图5-42）。

图5-42　添加系统用例

【步骤4】单击"助理"执行者，按住"助理"执行者右侧的小箭头，拖到"查看下一次公开课时间和城市建议"用例上，松开鼠标按键，从快捷菜单中选择Association。双击执行者和用例之间的关联线，在弹出属性框的Direction选择框中选择Source→Destination（见图5-43）。

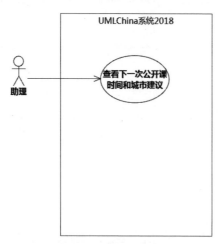

图5-43　建立执行者和用例之间的关联

【**步骤5**】同上操作,增加执行者和用例,如图5-44所示。

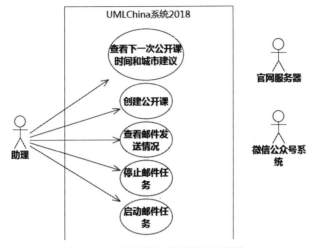

图5-44 继续添加执行者和用例

【**步骤6**】单击创建公开课用例,按住"创建公开课"用例右侧的小箭头,拖到"官网服务器"执行者上,松开鼠标按键,从快捷菜单中选择Association。双击用例和执行者之间的关联线,在弹出属性框的Direction选择框中选择Source→Destination。同上操作创建"创建公开课"指向"微信公众号系统"的关联(见图5-45)。

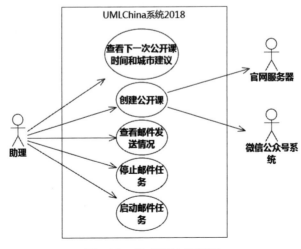

图5-45 完成系统用例图

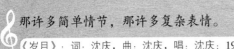

那许多简单情节,那许多复杂表情。
《岁月》;词:沈庆,曲:沈庆,唱:沈庆;1995

第6章 需求之系统用例规约

▶ 6.1 用例规约的内容

用例图表达了用例的目标,但是对于完整的需求来说,这是远远不够的。用例的背后封装了不同级别的相关需求,我们需要通过书写用例规约把这些需求表达出来。用例规约就是以用例为核心来组织需求内容的需求规约。有了用例规约,可以不需要另外写其他格式的需求规约。用例规约的各项内容用类图展示如图6-1所示。

图6-1的各项内容中,执行者和用例在用例图中已经存在,照搬到用例规约中就可以。剩下的内容用例图上没有,需要另行添加。目前UML并未包含用例规约的表示法。过去常见的做法是用Word等文字处理器来书写用例规约,不过扁平文本形式难以高效建立和维护用例各项内容之间的关系。现在已经有专门用于编写用例规约的工具,例如Case Complete、Visual Use Case等,而且越来越多的UML建模工具也开始提供编写用例规约的功能,使得需求人员能够以"立体"的方式来书写和保存用例规约,并以文本、图形、表格等各种视图查看或输出,如图6-2所示。

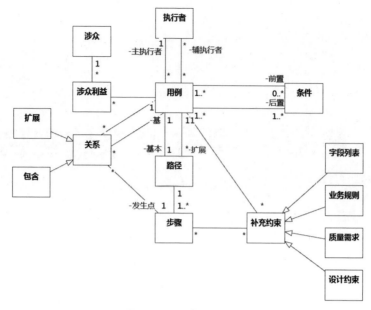

图6-1 用例规约的内容

图6-2 制作用例规约的工具

接下来,我们逐个看看除了用例名称和执行者之外的其他各项内容的要点。

6.1.1 前置条件和后置条件

用例通过前置条件(precondition)、后置条件(postcondition)以契约的形式表达需求。用例相当于系统的一个承诺:在满足前置条件时开始,按照里面的路径步骤走,系统就能到达后置条件。

前置条件：用例开始前，系统需要满足的约束。

后置条件：用例成功结束后，系统需要满足的约束。

在本书中，后置条件不再像有的方法一样分为最小后置条件和成功后置条件，只写出最想要的那个状态，这样就避免掉入"从实现角度看这样可以那样也可以"的陷阱。

前置条件、后置条件必须是系统能检测的。

图6-3中"录入保单"用例的前置条件是错误的。业务代表是否已经把保单交给内勤，系统无法检测，不能作为前置条件；同样，"收银"用例的后置条件也是不对的。顾客是否已经带着货物离开商店，**系统也无法检测，不能作为后置条件。**

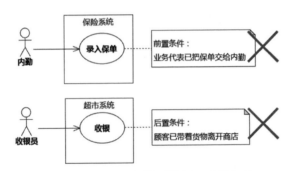

图6-3 系统必须能检测前置、后置条件

前置条件必须是用例开始前系统能检测到的。

如图6-4所示，储户开始取现金的交互前，系统不知道储户是谁，要取多少钱，所以无法检测"储户账户里有足够的金额"这个条件。

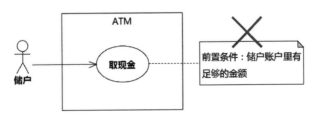

图6-4 前置条件必须是用例开始前系统能检测到的

类似于"存在大于最低限额的现金"这样的背景条件作为前置条件是可

以的。就算很长时间没人来ATM取现金,这个条件是否成立就摆在那里。

前置后置条件是状态,不是动作。

例如,"经理→批假"的前置条件不能写"员工提交请假单",因为是一个动作不是状态,应改为"存在待审批的请假单"。特别要注意的是,写成"员工已经提交请假单"很可能也是不对的,因为状态和导致达到某个状态的行为不是一一对应的,请假单未必是员工自己提交,也可以组长负责帮本组人员请假,也可能是从另外的系统批量导入。

如果分不清楚状态和行为的区别,建模就会遇到很大的麻烦。后面的建模工作中,还会不断讨论状态和行为的问题。

前置后置条件要用核心域词汇描述。

"系统正常运行""网络连接正常"等放之四海而皆准的约束,和所研究系统没有特定关系,不需要在前置条件中写出来,否则会得到一堆没有任何增值作用的废话。

后置条件也不能简单地把用例的名字加上"成功"二字变成"××成功"。例如,用例"顾客→下单"的后置条件写"顾客已经成功下单",这不是废话吗?更合适的后置条件是"订单信息已保存"。

"已登录"不应作为前置条件。

一些用例规约会有这样的前置条件:××已经登录。下面花一些篇幅来讨论这样做是否合适。

以购物网站为研究对象,登录不是用例。这一点在第5章已经阐述过了。如何处理登录?在过去的不少书和文章里可以看到如图6-5的做法。

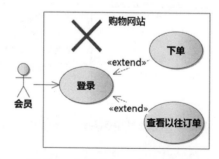

图6-5 画法一:把其他用例作为"登录"的扩展

会员登录以后可以下单，也可以查看以往订单，还可以退货……所以图6-5把下单、查看以往订单画成登录的扩展。这是错的。并不是先做A然后可能做B或C，B和C就成了A的扩展。例如，张三先吃饭，然后可能看电视，也可能上厕所，也可能散步。如果把看电视、上厕所、散步画成吃饭的扩展，意思就成了"张三可能会以上厕所的方式吃饭"或"上厕所是张三达到吃饭目标的一条路径"。

第二种做法如图6-6所示，把"登录"变成被其他用例包含（Include）的被包含用例（Included Use Case）。这样做是正确的。登录用例本来不存在，后来在写用例规约的时候，发现"下单""查看以往订单"等用例里都有以下步骤：

| 1. 会员提交身份信息 |
| 2. 系统验证身份信息 |
| 3. 系统保存会员登录信息 |
| 4. 系统反馈会员定制界面 |

为了节省书写用例规约的工作量，考虑把这些形成一个小目标的步骤集合（不是单个步骤）分离出来，作为一个被包含用例单独编写规约。这个用例只被其他用例包含，不由主执行者指向。被包含用例的这个特点和类的私有操作很相似。

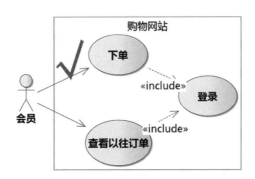

图6-6　画法二：把登录作为被包含用例

按照图6-6的做法，"下单"用例规约的步骤里，应该有表示包含"登录"用例的步骤集合：会员【登录】。"登录"二字加了粗括号表示这是一个被包含用例，它的步骤和约束在另外的地方描述。不喜欢粗括号可以用加下划线等其他方法以示区分。

有些人觉得这样做的话，好些用例里会出现会员【登录】，看起来有些碍眼，就想能不能把它提到前置条件里，那就得到了第三种：把"登录"作为一个用例，"会员已经登录"作为其他用例的前置条件，如图6-7所示。这样用例的步骤看起来更清爽，但是严格来说这也是不对的，"登录"不是购物网站的用例。

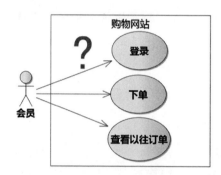

图6-7　画法三：其他用例以"已登录"作为前置条件

可能有的人会觉得第三种画法更好，理由是从最终实现上看，会员登录以后可以下单，可以查看以往订单，不用再重新登录，看起来是不是第三种更合理？其实还是第二种合理。第5章说过，如果在做需求时考虑复用，可能已经陷入了设计的思维。能够在多个用例中复用登录的状态，这是设计人员的本事，他甚至还可以做到10个用例的界面都从一个模板生成，但不能因此就把这10个用例合并成一个。

认为第三种更好的另一个理由也和"复用"有关：当几个执行者在使用某些用例时都会有登录的步骤集合，把登录单独分离出来，可以抽象出一个用户执行者，指向登录，如图6-8所示。

这个看起来正确，实际上也是不对的。不同的涉众利益会带来不同的需求。这样做，潜意识里就有着一种追求"需求复用"的思想，会诱导需求人员对不同用例之间的微妙差别视而不见，这对于做需求来说是危险的。会员登录需要验证码,货管员登录时不需要。系统反馈给会员的是未完成的订单,反馈给货管员的则是最近货品的动态。会员登录时可能要求反馈速度很快,而且允许百万会员同时在线,货管员登录则没有那么严格。

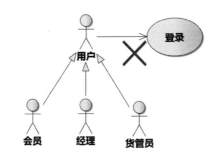

图6-8 错误:想通过泛化执行者复用用例

更合理的做法如图6-9所示,分成几个不同的被包含用例。

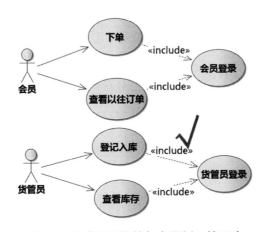

图6-9 分成不同的被包含用例,较正确

💡 被包含用例(以及扩展用例)严格来说不能算用例,应该有更好的名字,例如"交互片段",否则名称中带的"用例"二字容易误导开发人员从实现的角度定义用例,而不是从对外提供价值的角度。

6.1.2 涉众利益

前置条件是起点,后置条件是终点,中间的路该怎么走?这就要由涉众利益决定了。如果只考虑目标而没有考虑涉众利益，正确的需求是出不来的。

假设我需要1000元现金。为了达到这个目的，首先我会拉开家里的抽屉，如果里面有超过1000元的现金，我就从中拿1000元；如果抽屉里没有现金或者现金不够，我就拿上银行卡，到楼下ATM去取。问题来了：同样的目标，为什么家里的抽屉拉开就可以达到，而楼下的ATM却要插卡输密码（见图6-10）？

图6-10　目标一样，抽屉和ATM的交互却大不相同

背后的原因是涉众利益不同。涉众利益即针对某件事情，某类人担心什么和希望什么。家里的抽屉只涉及我和家人的利益，如果我和家人和睦相处，拉开抽屉就可以拿；反之，如果我和家人的利益冲突得非常厉害，那么可能需要买一种长得很像ATM的抽屉才能满足我家的需要。

对于银行ATM来说，就不是这样了。储户在ATM取现金时，涉及的涉众利益如下：

储户——希望方便；担心权益受损。
银行负责人——希望安全；希望节约运营成本。

正是在这些涉众利益的交锋之下，目前我们日常生活中所看到的ATM的用例片断如下：

基本路径

1. 储户提交账户号码

2. 系统验证账户号码合法

3. 系统提示输入密码

4. 储户输入密码

5. 系统验证密码合法、正确

6. 系统提示输入取现金额

7. 储户输入取现金额

8. 系统验证取现金额合法

9. 系统记录取现信息，更新账户余额

……

业务规则

5. 密码为6位数字

8. 取现金额应为100元的倍数；取现金额应少于账户余额；单次取现金额不超过3000元；当日取现金额不超过20 000元

设计约束

1. 通过磁条卡或芯片卡提交账户号码

我们来看看涉众利益的交锋如何影响了需求。步骤1有设计约束，"通过磁条卡或芯片卡提交账户号码"，这是为了照顾储户"方便"的利益。

既然为了储户方便，还验密码干什么？银行不是口口声声说储户是上帝吗？为什么不在储户提交账户号码后，把钱箱弹出来让储户随便取？这是为了照顾银行"安全"的利益。

既然设密码是为了安全，密码长度怎么只要6位呢？何不设10位或更长的密码？这又是"安全"和"方便"交锋后的妥协。可以想像，如果有一天，"ATM黑客"魔高一丈，6位密码很容易攻破，这条规则可能就会变成密码为8位数字。

步骤"系统验证取现金额合法"以及"业务规则取现金额应为100元

的倍数"……如果能有1元2元的ATM,储户会非常高兴(没有零钱坐公交车?到ATM那里取去),但银行不高兴——成本太高了。业务规则"单次取现金额不超过3000元;当日取现金额不超过20 000元",这同样是考虑银行节约运营成本的利益。当然,银行方的解释会是为了保护储户的利益,防止被冒领,等等。

系统记录取现信息,更新账户余额。这是储户看不见摸不着的,为什么要写出来?因为要是系统不做这件事,银行方就吃亏了。

认识到需求由涉众利益的冲突和平衡来决定,我们的需求过程就会充满"人"的味道,变得乐趣横生。扩展开来看,我们为什么在现在的公司工作,为什么选择现在的配偶,甚至午餐吃什么,都是权衡了各种涉众利益的结果。

为了寻找用例的涉众,可以用"醉酒法"思考。假设台上的演员"喝醉"("喝醉"加了引号,是因为在台上的未必是人)了在台上表演,谁看到这个场面会担心自己的直接利益受到侵害?担心的人就是这个用例的涉众。其主要有以下来源。

涉众来源一:人类执行者

用例的执行者如果是人类,当然是用例的涉众。执行者如果不是人类,就不是涉众,因为它没有利益主张。针对图6-11中保险系统的"内勤→录入保单"用例,内勤是人类,是涉众,而OA系统不是人类,不是涉众。

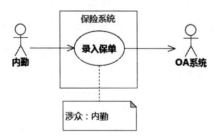

图6-11 考虑人类执行者之后的涉众

涉众来源二:上游

执行者要使用系统做某个用例,可能会需要一些资源,这些资源的提供者很可能是该用例的涉众。还是以"内勤→录入保单"为例，保单由业务代表提供给内勤。如果内勤喝醉了酒乱录，信息错得一塌糊涂，业务代表的利益就被损害了。考虑上游之后，"内勤→录入保单"用例的涉众如图6-12所示。

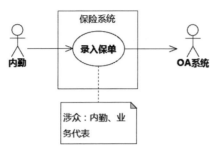

图6-12　考虑上游之后的涉众

涉众来源三：下游

执行者使用系统做某个用例，产生的后果会影响到其他人。受影响的这些人也是涉众。还是以"内勤→录入保单"为例，如果系统做得不好，没有检测内勤录保单时是否填了必填项就放了过去，后面负责审核的经理工作量增加了。

还有，OA系统虽然不是"内勤→录入保单"用例的涉众，但这个用例产生的结果会影响到OA系统背后的人。假如保险系统不停向OA系统发垃圾数据包，导致OA系统瘫痪，OA系统维护人员的工作量就增加了。所以OA系统维护人员也是下游的涉众。考虑下游之后，"内勤→录入保单"用例的涉众如图6-13所示。

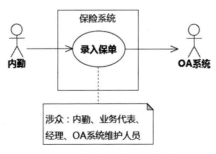

图6-13　考虑下游之后的涉众

涉众来源四：信息的主人

用例会用到一些信息，这些信息可能会涉及某些人。虽然这些人也许并不知道这个系统的存在，但他们是用例的涉众。还是以"内勤→录入保单"为例，保单的信息涉及被保人、投保人和受益人，如果信息出错或泄漏，这些人就会遭殃，所以他们是涉众。因为这类涉众可能和系统没有接口，比较容易被忽略，要特别注意。考虑信息的主人之后，"内勤→录入保单"用例的涉众如图6-14所示。

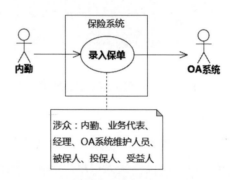

图6-14　考虑信息的主人之后的涉众

说到这里，也许您已经看出来，业务建模对于识别涉众非常有帮助。如果我们在需求之前做了业务建模，会更了解一件事情的前因后果，大多数涉众都能够从业务序列图中看出来。例如，从图6-15的业务序列图中，业务对象内勤、业务代表、经理和投保人很容易看出来。另外，消息参数"保单信息"提醒建模人员还会涉及被保人和受益人。这样，图6-14中所列举的"内勤→录入保单"的涉众就找齐了。

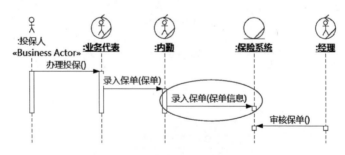

图6-15　业务建模可以帮助寻找涉众

最后回答一个经常被问到的问题：系统的研发团队成员是该系统的涉众吗？不是。根据第2章所说的"投币法"，系统是投币得来的，考虑需求时根本没有"研发团队"。这里的意思并不是说工作性质为软件开发的人就不能当涉众，当他充当投币者的角色时是可以的。例如，以建模工具EA为所研究系统时，使用EA来建模的软件研发团队成员是涉众，但EA的研发团队成员不是涉众。

寻找涉众利益

寻找涉众利益时，要"亲兄弟，明算账"，把不同涉众各自关注的利益体现出来，而不是写成一模一样的。家里两夫妻对同一件事情都还有不同的立场，更不用说一个组织里面形形色色的涉众了。

司机开车进厂装化肥，工作人员通过地磅系统操纵地磅给车称重。针对这件事情，不同的涉众可谓是"各怀鬼胎"：

> 化肥公司老板—担心公司内部人员贪污
> 地磅操作员—希望操作简便；担心承担责任；担心系统坏掉影响工作量
> 仓管人员—担心称不准导致无谓的返工装包
> 买主—担心进去时称得轻了，出来时称得重了，导致给少了化肥
> 司机—担心等候时间太长导致每天拉货次数减少

即使有些利益有时不方便白纸黑字写出来共享，但至少建模人员要心知肚明，不能一团和气了事。

建模人员要仔细观察和揣摩涉众的痛苦，才能找到真正的涉众利益，否则写出来的"涉众利益"往往很苍白。例如，前面提到的"储户→取现金"用例，涉众利益写"储户担心取不到现金"，这就是废话了。

再看下面这个例子，一个输液系统，涉众利益写：

> 护士—担心出错

正确的废话，谁不担心出错，但为什么还是出错？仔细调研过之后写出来就生动多了：

> 护士——担心自己的药理学知识记错，对药物名称相近的药物计算错剂量，导致给药错误

善于积累涉众利益

需求是不断变化的，新系统肯定在功能或性能上和旧系统有所不同，否则还做什么新系统？但是，背后的涉众利益要稳定得多。我们来看之前ATM例子中出现的涉众利益：

> 储户——希望方便；担心权益受损
>
> 银行负责人——希望安全；希望节约运营成本

这些涉众利益不止适用于ATM，也适用于清朝的钱庄柜台、现在的银行柜台、网上银行和手机银行（见图6-16）。

图6-16 系统的具体形态变了，涉众利益不变

很多需求中的两难，都是因为信息不足导致的。如果我们能善于积累涉众利益，把目标组织内部各种人的小算盘搞得一清二楚，对方稍微说句话，我们就已经知道他心里的小九九，而且还知道他的要求对谁有利，对谁有害，从而可以自如应对。

6.1.3 基本路径

观众已经一排排坐好，接下来就要让演员们上台演戏了。把演戏的场

景描述出来，就得到了用例的路径和步骤。

一个用例会有多个场景，其中有一个场景描述了最成功的情况，执行者和系统的交互非常顺利，一路绿灯直抵用例的后置条件。这个场景称为基本路径。

用例把基本路径分离出来先写，目的是凸现用例的核心价值。还是以上面的ATM为例，发生在ATM上的场景有很多：

（1）张三来了，插卡，输密码，输金额，顺顺利利取到钱，高兴地走了；

（2）李四来了，插卡，输密码，密码错，再输，再错，再输，卡被吞掉了；

（3）王五来了，插卡，输密码，输金额，今天取得太多不能取了……

只有场景（1）是银行在大街上摆放一台ATM的初衷。虽然场景（2）（3）是难以避免的，但场景（1）出现得越多越好，这是涉众对ATM的期望。

书写路径步骤的时候需要注意以下一些要点。这些要点有重叠的地方，如果违反了其中一个要点，很可能会违反另外的要点。

6.1.3.1 按照交互四步曲书写

执行者和系统按照回合交互，直到达成目的。需要的回合数是不定的，可能一个回合足够，也可能需要多个回合。一个回合中的步骤分为四类：请求、验证、改变、回应，如图6-17所示。

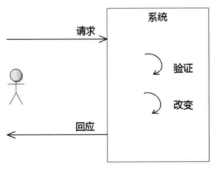

图6-17 交互四步曲

在一个回合中，请求是必须的，同时还需要其他三类步骤中的至少一类。图6-18展示了一个例子。可以看到，第一个回合只需要请求和回应，第二个回合则四类步骤都有。

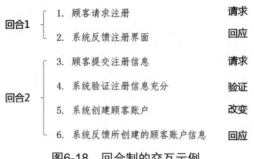

图6-18 回合制的交互示例

在时间作为主执行者而且不需要和其他辅执行者交互的用例中，可能会出现不需要回应的情况，而且只有一个回合。例如：

当到达时间周期时	请求
系统根据当前各因子值计算并保存评分	改变

在书写步骤时要注意以下一些形式上的问题。

（1）对于时间为主执行者的用例，回合中的请求步骤不写"时间告知时间周期到了"，而是写"当到达时间周期时"。

（2）验证步骤不写"是否"。例如图6-18中，第4步写"系统验证注册信息充分"，不写"系统验证注册信息是否充分"，目的是要表达"充分"是基本路径期望的验证结果。

（3）系统和辅执行者之间的交互可以看作是一种回应步骤，写成"系统请求辅执行者做某事"，例如"系统请求邮件列表系统群发邮件"。

6.1.3.2 只写系统能感知和承诺的内容

以上面的"系统请求邮件列表系统群发邮件"为例，写到这里足够了，不能再往下写：

邮件列表系统群发邮件

这已经不属于系统能感知和承诺的责任范围，不能写在步骤中，否则

就会让人以为只要用上了这个系统，这些事情就一定会发生。这样就模糊了系统的契约，也抹杀了进一步改进的可能。

例如以下规约片断：

> ……
> 4. 系统反馈应收总金额
> 5. ~~顾客付款~~
> 6. 收银员提交付款方式和金额
> 7. 系统计算找零金额
> 8. 系统反馈找零金额，打印收据
> 9. ~~收银员找零~~
> ……

顾客付款和收银员找零是系统无法感知和承诺的。如果写在步骤里，会让人产生误解：只要用了本系统，顾客就会乖乖付款，收银员会乖乖找零——也许顾客忘记付款和收银员忘记找零正是商场要解决的一个头痛问题。

6.1.3.3　使用主动语句理清责任

把动作的责任系统放在主语的位置，用Alistair Cockburn的话说就是"球在哪里"。请比较下面两句话。

（1）伊布从瓦伦西亚处得到传球，舒梅切尔扑救伊布的射门。

（2）瓦伦西亚传球，伊布射门，舒梅切尔扑救。

虽然上面一句比较文艺，但下面一句把责任理得更清晰。用例步骤也是如此：

> 系统从会员处获取用户名和密码（错）
> 会员提交用户名和密码（对）
> 用户名和密码被验证（错）
> 系统验证用户名和密码（对）

会员要是不提交，就不要怪系统没有动静；会员要是提交了，系统不动弹，那就要怪系统了。

做到规规矩矩说话，把责任理清楚，其实不容易。经常有人会写：

> 会员保存订单

会员在哪里保存订单？存在自己的肚子里？应该是：

> 会员提交订单信息
> 系统保存订单

类似的还有：

> 会员查询商品

会员在自己肚子里面查？应该是：

> 会员提交查询条件
> 系统查询商品
> 系统反馈查询结果

再列举一些常见的"胡说八道"，如表6-1所示。

错误示例	评价
会员打开系统	用手撕开？
会员进入系统	像黑客帝国一样脑门插插头进去？
系统自动计算订单总价	系统当然是自动的
会员手动输入订单信息	会员当然是手动的
会员提交订单信息给系统	"给系统"冗余

6.1.3.4　主语只能是主执行者名称或者"系统"

写需求，就是要把系统当作一个黑箱，描述它对外提供的功能以及功能附带的质量需求。系统如何构造，不属于需求描述的范围，除非是涉众强加的设计约束。所以步骤里不能出现"执行者请求前端系统做某事，前端系统请求后端系统做某事""执行者请求客户端做某事，客户端请求服务器做某事""执行者请求A子系统做某事，A子系统请求B子系统做某事"，就算这个系统最终的组成是分解成很多个部分，分布在一百多个国家运行，需求里也只有两个字：系统。前文已经说过，系统边界是责任边界，而非物理边界（见图6-19）。

图6-19　需求把系统看作是黑箱

可能会有人问"如果我要做的就只是客户端，难道不能写客户端请求服务器做某事吗？"这时所谓的"客户端"就是所研究的系统，而原来所认为的"服务器"已经是系统责任边界之外的一个外系统，用例规约里仍然不会有"客户端"的字样出现。

6.1.3.5　使用核心域术语描述

路径步骤应该使用核心域的术语来描述，也就是说，要说"人话"。

以一个零件采购系统为研究对象，比较以下两句话，哪一句是"人话"，哪一句是"鸟语"？

（1）系统建立连接，打开连接，执行SQL语句，从"零件"表查询……

（2）系统根据查询条件搜索零件

您一眼就能看出来，第一句是"鸟语"，第二句是"人话"。关键在于：为什么说第一句是"鸟语"？可能有的人说，因为第一句涉及技术，所以是"鸟语"。这个解释是有问题的。第2章我们说到要从开发人员使用的术语中删去"用户"二字，现在我们还要删去"技术"二字。

之前在第3章中也已经提到，不少开发人员说到"技术"的时候，含义就是"我懂的或感兴趣的那点东西"，不懂且不感兴趣的就称为"业务",甚至"忽悠"。例如,程序员认为"Java编码是技术,需求人员做的是业务";需求人员则认为"业务建模、需求也有很多技能,我做的当然是技术,我们的客户——医院的医生做的才是业务";医院的医生更是嗤之以鼻"老子一个月拿的红包比你一年薪水都多,还说我做的不是技术?"其实大家做的都是"技术",只是领域不同而已。应该用"核心域""非核心域"来代替"业务""技术"。关于核心域和非核心域,本书下册还会深入讲解。

如果所研究系统是一个关系数据库的脚本工具,核心域是关系数据库领域,上面提到的"系统建立连接,打开连接,执行SQL语句"就成了合适的需求。

如果所研究系统仍然是零件采购系统,不过前排涉众强制要求"一定要这样实现",那么"系统建立连接,打开连接,执行SQL语句"也是需求,但不能写在路径步骤里,只能写在设计约束里。

6.1.3.6 不要涉及界面细节

很多人写需求的时候,会把界面细节带进来,例如:

> 会员从下拉框中选择类别
> 会员在文本框中输入查询条件
> 会员单击"确定"按钮

这些界面细节很可能不是需求,只是开发人员选择的设计方案,应该把它们删掉,然后问"为什么",找到背后隐藏的真正需求,也许是可用性需求"操作次数不超过5次",也许是性能需求"反馈速度应该在3秒以内",也许两者兼有。

如果前排涉众明确要求"一定要用下拉框",那么"下拉框"也是需求,但是依然不能写"会员从下拉框中选择类别",因为这里涉及两类需求,它们的稳定性和变化趋势不同,应该分开描述:

> 会员选择类别(这是步骤)
> 通过下拉框来实现(这是设计约束)

如图6-20所示，用例的需求组织方式是分层的，从用例到路径、步骤、约束，需求的稳定性越来越低。这样，稳定和不稳定的需求就分开了。平时遇到的大部分"需求变更"发生在补充约束级别，例如输入会员信息时加个微信字段（字段列表变了）、调整结账时的打折规则（业务规则变了）。级别越高的需求，内容越稳定。

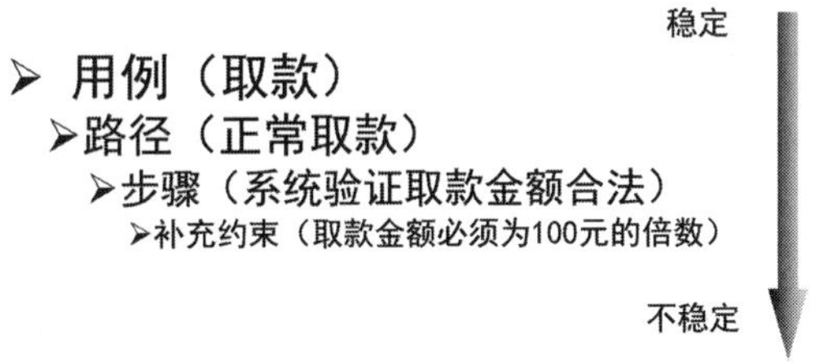

> 用例（取款）
>> 路径（正常取款）
>>> 步骤（系统验证取款金额合法）
>>>> 补充约束（取款金额必须为100元的倍数）

稳定 ↓ 不稳定

图6-20　用例规约的需求层级

要避免步骤里出现界面的细节，要点是把和核心域无关的内容清除掉，得到基于核心域视角的描述，例如：

> 系统显示订单信息→系统反馈订单信息
> 系统反馈查询到的商品列表→系统反馈查询到的商品
> 会员拖动商品到购物篮，勾选优惠券，单击结算按钮→会员输入商品和优惠券信息，请求结算

前面说到"建立连接，打开连接，执行SQL语句"不是零件销售系统的需求，可能大家觉得比较好理解，毕竟发生在系统"里面"，看不见，但是步骤中出现界面细节"单击确定按钮"的时候，有的人就觉得这样写好像可以，因为看得见！在需求规约中，在每个用例最后贴一张或几张界面图，大家也觉得很正常。

需求判断的标准不是涉众是否看得见，而是涉众是否在意，否则盲人怎么办？两个非人系统交互怎么办？像之前ATM的例子中，涉众看不见"系统记录取现信息，更新账户余额"，但是涉众在意，必须写，而"单击确定按钮"即使看得见，也不能写，因为涉众不在意。

界面组件和数据库组件一样,都是系统设计的一部分。以人体作为例子,藏在人体内部的心脏是人的设计,露在外面的眼睛也同样是设计。人体系统的需求是"能看",未必需要单独分出"眼睛"这样一个器官。如果有一种新人类,没有分出眼睛耳朵鼻子等器官,只是头上有一个360°接收器接收各种声光和气味信号并传到内部处理,没准这样的新人类更适合在这个社会上生存。另外,人光有眼睛这个输入设备,没有血液循环系统和神经系统的帮忙,也无法让大脑感知到外部信息,达到"能看"的目的。第一章已经说过,需求和设计不是一一对应,而是多对多的。

可能有的人会想,没有眼睛耳朵鼻子,那还算是人吗?正常的人不应该是那样的吗?如果先入为主这样想,那就不用做需求了,直接复制现有系统的文件就行了嘛。新系统要打败旧系统,肯定要和旧系统在某些方面不同。特别是,软件系统的"新"和实物的"新"要求还不一样。对于实物,我们可以说"这瓶酒喝完了,开瓶新的",而以软件系统的标准看,另一种型号的、口感或包装不同的酒才能算"新"。

6.1.3.7 不要涉及交互细节

在步骤中,除了避免描述界面细节,还要避免描述交互细节。例如,有人会这样写:

> 会员每输入账户名称的一个字符
> 系统在界面中验证当前输入信息合法

写的人有他的道理:系统不是等待提交后才验证输入信息是否合法,而是随时验证立即反馈,这样使用体验更好。不过,这只是交互设计的一些技能。忍不住要在需求规约里描述界面和交互的细节,背后的原因和忍不住要思考内部代码如何实现的原因是一样的,都是对自己的设计技能没有信心,害怕"现在想到了如果不记下来以后就忘记了"。

交互设计和数据库设计、编码一样,都有特定的技能。例如,针对"一个订单有多个订单项"这样一个核心域描述,数据库该如何映射,界面该如何布局,都有特定的套路。这些套路只和数据库和界面平台的特点以及

"一对多关联"的结构有关，和"订单""订单项"等核心域概念无关。

用例的步骤应该把焦点放在系统必须接收什么输入、系统必须输出什么信息以及系统必须做什么处理这三个重点上，加上字段列表、业务规则、可用性需求等约束，足以表达各种需求。

关于用例的交互该怎么写，是一个比较头痛的问题。即使不涉及交互设计细节的问题，也免不了混进交互设计的成分，例如，为什么分两个回合交互而不是一个回合？实际上涉众更希望一个回合就能达到用例的目标。

例如之前提到的ATM的"取现金"用例的步骤：

> 1. 储户提交账户号码
> 2. 系统验证账户号码合法
> 3. 系统提示输入密码
> 4. 储户输入密码
> 5. 系统验证密码合法、正确
> 6. 系统提示输入取现金额
> 7. 储户输入取现金额
> ……

可以思考，如果不分多个回合输入和验证，是不是一定会损害涉众的利益？如果不是，那么可以合并为一个回合，留下余地给更专业的交互设计人员。

> 1. 储户提交取现所需信息
> 2. 系统验证取现信息符合取现要求
> ……
>
> 字段列表：
>
> 1. 取现所需信息=账户号码+密码+取现金额
>
> 业务规则：
>
> ……

但是这样的写法会使得各种用例的交互最后都长得差不多，区别只在于输入输出的字段列表和处理的业务规则。这是让人左右为难的问题。我的观点是在用例规约中把路径步骤删掉，只保留输入输出、涉众利益和补充约束，交互的路径步骤由交互设计人员决定。

6.1.3.8 需求是"不这样不行"

说到界面和交互，在这里还要多说几句。许多需求人员之所以在需求岗位上，并不是因为他掌握了该掌握的需求技能，可能只是因为他工作年限足够长该换到需求岗位了——和许多年龄到了就上岗的夫妻和父母相似。

这样的需求人员硬着头皮做需求时，最常用的一招就是托着脑袋想"这个东西是什么样子"，然后画一个界面原型拿去和涉众确认。一旦涉众说"差不多就这样吧"，就把这个界面原型作为需求交给分析设计人员。在这一点上，互联网公司的产品经理表现得尤为明显。如果侥幸成功，就拼命鼓吹"原型大法好"，因为他只会这个。

这里就引出一个问题：假如需求人员画了一张界面图，拿去问涉众，界面这样做可以吗？涉众说可以，甚至在上面还签字确认。那么，这个界面方案是需求吗？或者我们问得再极端一点，《王者荣耀》是最近两年最受欢迎的游戏，为腾讯公司带来了巨大的利润（单季度120亿人民币），请问《王者荣耀》的源代码是需求吗？

以上两个问题的回答都是否。因为需求人员问的问题都是"这样可以吗"，相当于：

> 需求人员：界面这样布局可以吗？
>
> 涉众：（好用就行，我又不会做界面，问我可不可以我当然说可以了）可以。
>
> 需求人员：代码这样写可以吗？
>
> 涉众：（好用就行，我又不会写代码，问我可不可以我当然说可以了）可以。

如果问的问题改为"不这样可以吗",像下面这样:

> 需求人员:界面不这样布局可以吗?
> 涉众:不可以,这是政府的规定,你们不要自己乱发挥啊!
> 需求人员:代码不这样写可以吗?
> 涉众:不可以。这段代码是我小舅子写的,一定要这样,否则不给钱。

这时,界面和代码就成为了需求,当然,只是补充约束级别的需求。

说到这里,我们归纳出需求的判断标准:**需求是"不这样不行",而不是"这样也行"**。

大家可以尝试用"不这样行吗"这个问题去过滤一下自己或其他人以前写的"需求",可能会过滤出一大堆假的需求,然后问"为什么",找出背后"不这样不行"的真正需求。

对于需求的一个误解是以为"写得细的就是好需求"。需求确实要细,但是很多时候需求人员写的"细"不是需求(问题)的细,而是设计(解决方案)的细。我看到过不少所谓"需求规约",篇幅巨大,从数据库每个字段的设计到界面控件详细布局,甚至编码规范,都包含在其中。作者也很得意"我这份需求可谓是无二义了吧!"说到无二义,源代码就更无二义了,但源代码不是需求。

在需求里大量描述设计,相当于医生没有能力去定位患者得的什么病,干脆拍脑袋开药,然后用正楷把药的说明书抄一遍,抄到自己都感动了,以为这样就可以治好患者了。诊断能力不足,开的药不对症就不对症,说明书抄得再认真仔细也没用。

6.1.4 扩展路径

基本路径上的每个步骤都有可能发生意外,其中某些意外是系统要负责处理的,处理意外的路径就是扩展路径。因为一个步骤上出现的意外及其处理可能有多种,所以同一步骤上的扩展路径可能有多条。

对于扩展路径及其步骤的标号，本书采用的是Cockburn推荐的方法。扩展路径的标号方法是在所扩展步骤的数字序号后面加上字母序号，例如2a表示步骤2的第a条扩展路径，2b表示步骤2的第b条扩展路径。扩展路径条件的最后加上冒号，接下来是该扩展路径的步骤，标号方法是在扩展路径编号后面加上数字序号，例如2a1。也就是说，步骤的编号以数字结尾，扩展路径编号以字母结尾。如果有多重扩展，那就继续按此形式标注，如图6-21所示。

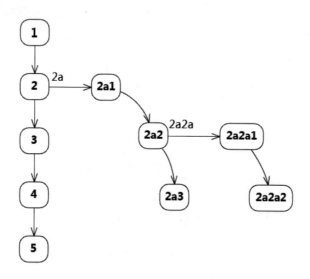

图6-21　扩展路径和步骤

还是以之前的ATM"储户→取现金"用例为例。该用例规约加上扩展路径之后如下：

基本路径

1. 储户提交账户号码

2. 系统验证账户号码合法

3. 系统提示输入密码

4. 储户输入密码

5. 系统验证密码合法、正确

6. 系统提示输入取现金额

7. 储户输入取现金额

8. 系统验证取现金额合法

9. 系统记录取现信息，更新账户余额

……

2a. 账户号码不合法：

   2a1. 系统反馈账户号码不合法

   2a2. 返回1

5a. 密码不合法：

   5a1. 返回3

5b. 密码合法但不正确：

   5b1. 系统验证当日取款累计输错密码次数不超过3次

      5b1a. 当日取款累计输错密码次数超过3次：

         5b1a1 系统关闭账户

         5b1a2 用例结束

   5b2. 系统反馈密码不正确

   5b3. 返回3

8a. 取现金额不合法：

   8a1. 返回6

从以上例子可以看到，有扩展的步骤2、5、8都属于验证类步骤。验证的结果有通过和通不过。在验证通不过的情况下，系统肯定要做相应处理，否则就白验证了。验证类步骤肯定会出现扩展。

和辅执行者交互的步骤很有可能会出现扩展。在系统请求辅执行者做某事时，如果辅执行者出现故障，系统无法得到想要的结果，很有可能会导致系统行为的变化。例如：

4. 系统请求短信平台发布信息

……

> **扩展**
> ……
> 4a. 短信平台无响应：
> 　　4a1. 系统反馈短信平台无响应
> ……

注意，如果某个外系统根本不是系统的执行者，讨论该系统出现故障会不会导致扩展是没有意义的。例如下面这一句：

> 5. 系统向经理的电子邮箱发邮件通知有新的待审批申请

系统只是负责发邮件，无法感知经理是否收取电子邮件以及是否审批通过申请，经理不是辅执行者，更不存在"经理没有收到邮件"或"经理审批未通过"之类的扩展路径。

除了这两种步骤之外，从其他步骤产生扩展路径一定要非常谨慎，否则容易让不属于需求的内容混进用例规约中。特别要注意下面几点。

（1）能感知和要处理的意外才是扩展

不是所有的意外都产生扩展路径，有些意外是系统无法感知和处理的，不产生扩展路径。ATM例子中，"储户心脏病发作"是意外，会导致"取现金"用例无法完成，但ATM没有办法感知"储户心脏病发作"事件，也不负责处理这样的事件。不过，"长时间无操作"则是可以被感知而且可能要处理的。

可能有人会问，要是有一种高级ATM能感知"储户心脏病发作"呢？没问题，上面讲的道理依然适用。

（2）设计技能不足导致的错误不是扩展

即使是系统能感知的意外，也未必产生扩展。这种意外必须要符合需求的要求才行。例如，经常有人把"系统保存数据失败"当成扩展，这是错误的。保存数据为什么会失败？程序员编码错误、数据库设计错误或者网络故障呗，换程序员、数据库设计人员或改善网络环境就能避免，这和需求有什么关系？根据第二章的"投币法"，做需求时应该把研发团队看作不存在，系统是投币得来的，不存在程序员编码错误等问题。

用执行者来对比可以帮助理解。执行者是外系统，就算我们的系统做得没有错误，也无法保证外系统一定会给我们想要的结果。也就是说，这样的意外和设计错误无关。所以，上面的"**系统验证******""**系统请求某某系统******"等步骤会产生扩展路径。

系统的可靠性确实也是需求，不过应该写在补充约束里，而不是写在路径步骤里搞得到处都是扩展。

（3）不引起交互行为变化的选择不是扩展

执行者需要从若干选项中做出选择，如果选择不同选项没有引起交互行为的变化，扩展是不存在的。像下面的写法就是错误的：

>……
>4.收银员选择
>　　不让利
>　　单条商品折扣
>　　单条商品折让
>　　削价
>……
>**扩展**
>4a.不让利：
>　　4a1.系统按照不让利方式计算应收金额
>……
>4b.单条商品折扣：
>　　4b1.系统按照单条商品折扣方式计算应收金额
>……

无论选择哪一个选项，系统都是计算应收金额，只不过适用的规则不

同,在这里加入扩展没有意义,应该把这些选项写在字段列表和业务规则部分,像下面这样:

> 4.收银员选择打折方式
>
> 5.系统计算应收金额
>
> ……
>
> 字段列表
>
> ……
>
> 4.可选打折方式有:不让利、单条商品折扣、单条商品折让、削价
>
> ……
>
> 业务规则
>
> ……
>
> 5.计算应收金额的规则:******
>
> ……

(4)界面跳转不是扩展

现在软件系统的图形界面上往往布满了链接,执行者在任何步骤都可以选中某个链接,系统立即跳转到其他用例的界面。不能把这些跳转当作扩展,否则任何步骤都会有扩展。

在书写用例规约时,应该把具体的界面看作不存在,把其他用例也看作不存在,专注于典型执行者为了达到本用例目标必须要和系统发生的交互以及不可避免要处理的意外和分支。看下面的例子:

> 1.会员选择订单
>
> 2.系统反馈订单明细
>
> 3.会员可以
>
>   取消订单
>
> 4.会员请求结算
>
> 5.系统反馈结算界面

> ……
> 扩展
> 3a.会员取消订单：
>   3a1.会员请求取消订单
>   3a2.系统取消订单

在本书上一版中，我认为这样写是合适的，但现在我认为不合适，因为这样写很容易掉入"可以这样做"的陷阱（参见第5章取款机治疗小崔失眠的片段）。事实上，进行到步骤4或5时改主意取消也是可以的。那么，可不可以像下面这样写呢？

> *a.会员取消订单：
>   *a1.会员请求取消订单
>   *a2.系统取消订单

这样写的意思是在任何一个步骤都可以取消订单，但是这样还是不合适。如果这样写可以的话，还需要写的类似内容就太多了，例如，"设置账户"用例也是可以随时跳转的。实际上，只要符合用例的前置条件，可以在任何地方开始一个用例。前面我们说到的"不这样行吗"标准也可以用在这里，问"在这个步骤处理可以吗"不够，要问"不在这个步骤处理可以吗"。

6.1.5 补充约束

路径步骤里描述的需求是不完整的。例如：

> 用例名：发布讲座消息
> ……
> 1.工作人员输入讲座信息，请求发布
> 2.系统验证讲座信息充分
> 3.系统生成发布内容
> 4.系统请求短信平台发布信息

> 5. 系统保存讲座信息和发布情况
> 6. 系统反馈信息已经保存并发布
> ……

步骤1中"讲座信息"包括哪些内容？需要添加字段列表。步骤2中"充分"指什么？需要添加业务规则。从步骤1到步骤6有没有速度上的要求？需要添加质量需求。

如果补充约束的内容只和单个用例相关，可以直接放在该用例的规约中；如果补充约束适用于多个用例，可以单独集中到另外的地方，从用例规约引用。

补充约束前面的编号不代表顺序，而表示该约束绑定的步骤的编号。以上面"发布讲座消息"用例为例，如果有这样的补充约束：

> 5. 发布情况=发布时间+工作人员

表示这一条约束是步骤5"系统保存讲座信息和发布情况"的补充约束。

如果某条补充约束不是针对某一步骤，而是针对多个步骤甚至整个用例，前面的编号可以用"*"。

补充约束的类型可用类图表示，如图6-22所示。

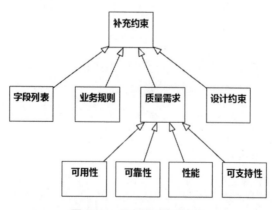

图6-22　用例的补充约束

6.1.5.1 字段列表

字段列表用来描述步骤里某个领域概念的细节。例如上面"发布讲座消息"用例的步骤中，步骤1、3、5都需要分别添加字段列表。

字段列表可以用自然语言表达，例如：

> **字段列表**
> 1. 讲座信息包括：举办时间、地点、专家信息、主题、简介。专家信息包括：姓名、单位、头衔。

也可以用符号表达，例如：

> **字段列表**
> 1. 讲座信息＝举办时间＋地点＋专家＋主题＋简介
> 1. 专家＝姓名＋单位＋头衔

表示的符号可以采用过去数据字典常用的符号。例如："+"表示数据序列，"（）"表示可选项，"{ }"表示多个，"[| | |]"表示可能的取值。例如：

> 注册信息=公司名+联系人+电话+{联系地址}
> 联系地址=州+城市+街道+（邮编）
> 保存信息=注册信息+注册时间
> 客房状态=[空闲|已预定|占用|维修中]

字段列表写到涉众有共识就可以，并不是越"细"越好。例如，说到"电话号码"，所有涉众都知道指的是什么，不必再做进一步说明，如果写成"电话号码 varchar（255）"，那反而没有共识了，因为涉众不了解这样做是好是坏。

字段列表不同于数据模型。有的人为了省事，直接贴上一个数据模型图，这是不正确的。不同的用例，不同的步骤，涉及的输入输出信息不同。数据模型是设计，设计应该来源于需求，而非空想一个设计，然后把它当成需求。

字段列表不等于数据字典。过去的开发方法学会有"数据字典"这样的工件，本书不推荐花时间做这个工件，因为它会容易让建模人员过早把时间花在细节上，造成一种做了很多事情的错觉，其实还没触碰到核心域真正的难题。

6.1.5.2 业务规则

业务规则描述步骤中系统运算的一些规则，例如上面"发布讲座消息"用例的步骤2中的"充分"没有说清楚，需要添加业务规则，例如：

业务规则
2. 必须有的项包括：时间、地点、专家、主题

如果用文字说明业务规则比较困难，可以使用一些辅助的手段，例如决策表、决策树。图6-23就是一张决策表，描述了宾馆打折的规则。

条件	1. 双人房用作单人房	Y	N	Y		
	2. 家庭额外客房	N	Y	Y		
	3. 立即入住				Y	Y
	4. 18:00 之前				Y	Y
	5. 预订率低于 50%				Y	Y
	6. 晴天				N	Y
行为	a. 25%	✓				
	b. 10%		✓			
	c. 立即入住 25%					✓
	d. 立即入住 0%			✓		

图6-23 决策表

只要涉众能理解，行业上适用的任何方式（例如数学、物理公式）都可以用来表达业务规则。

描述业务规则时要注意的是：业务规则不等于实现算法。业务规则是需求的一种，也是从涉众的视角看"不这样不行"的。例如，研究一款为盲人或残疾人而做的语音输入软件，用例规约有如下片断：

| 3. 系统将语音输入翻译为文字 |
| …… |

> **业务规则**
> 3. 采用××识别算法
> ……

这条业务规则可能是有问题的，如果前排涉众是盲人或残疾人，他们不知道什么叫"××识别算法"，也不在意是否用了这个算法，所以这不是需求，删掉它，然后问"为什么"，得到涉众真正在意的需求："背景噪音强度为××的情况下，识别率应在××以上"。

当然，如果涉众的排位发生变化，例如该软件的初衷是为某个厂家推广它的识别技术，那么"采用××识别算法"也可以成为需求，"背景噪音强度为××的情况下，识别率应在××以上"反而不是了。

6.1.5.3 质量需求

按传统的需求分类，用例、路径、步骤、字段列表和业务规则可以归属为功能需求。系统满足功能需求，说明系统能把事情做正确。在做正确的基础上，系统还需要在做的过程中满足一些指标，这些指标就是质量需求。

"质量需求"在包括本书上一版在内的很多书里被称为"非功能需求"，本书统一称为"质量需求"。产品的竞争往往先从功能开始，当类似产品越来越多时，质量需求可能就成为激烈竞争的决胜点。

可用性

可用性需求是对人类执行者和系统之间交互质量的度量。如果系统仅能正确达到用例目标，但交互太繁琐，人类执行者是不喜欢用的。这里提到"人类执行者"，说明可用性需求仅和主执行者是人的用例相关，毕竟机器不会因为交互繁琐而感到烦躁。

在表达可用性需求时，仅仅说"系统应容易使用"是不行的。对年轻人容易的，对老太太容易吗？对篮球运动员容易的，对普通人容易吗？合适的可用性需求应该是可度量的，例如：

> 平均5次操作之内能完成客人入住

也要防止另一种错误：直接画一个界面贴上去就当成可用性需求。关于界面是不是需求，在本章前面部分已经有阐述。下面用一个表格比较一下（见图6-24）：

工作流	表述	谁的责任
需求	平均5次操作之内能完成客人入住	需求工程师
设计	什么样的交互界面能满足以上需求	交互设计师
设计	如何用软件组件实现以上交互界面	程序员

图6-24　不同工作流的"界面"

性能

性能包括速度、容量、能力等，例如：

系统应在0.5秒之内拍摄超速车的照片（速度）

应允许1000个执行者同时使用此用例（容量）

在标准工作负荷下，系统的CPU占用率应少于50%（能力）

在寻找质量需求时，性能类型的质量需求往往是最多的。

可靠性

可靠性表示系统的安全性和完整性，通常用平均无故障时间（MTBF，Mean Time Between Failures）和平均修复时间（MTTR，Mean Time To Repair）表示。

可靠性需求往往不是针对单个用例，而是针对整个系统，可以在所有用例规约的最后，单独用小篇幅描述。

可支持性

可支持性表示系统升级和修复的能力。例如：

95%的紧急错误应能在30工作时内修复

在修复故障时，未修复的相关缺陷平均数应小于0.5

升级新版本时，应保存所有系统设置和个人设置

可支持性有时会被需求人员写成解决方案。例如，"系统应采用面向

对象的方式开发",涉众根本不清楚面向对象为何物以及和搞对象有什么区别,这不是合适的需求,背后的需求还是可支持性。

和可靠性一样,可支持性需求往往不是针对单个用例,而是针对整个系统,可以在所有用例规约的最后,单独用小篇幅描述。

以上介绍了质量需求的种类。很多时候质量需求不用刻意去寻找,按照前面说过的"不这样行吗"的标准,把混入需求的设计删掉,然后问为什么,背后往往隐含的就是质量需求,如图6-25所示。

设计	需求
系统采用冗余磁盘阵列	存储故障平均发生间隔大于50 000小时
系统在服务器端计算应收款项,然后把结果传回客户端	系统应在3秒内向顾客反馈应收款项

图6-25 设计背后隐含的质量需求

6.1.5.4 设计约束

设计约束是在实现系统时必须要遵守的一些约束,包括界面样式、报表格式、平台、语言等。

设计约束既不是功能需求,也不是质量需求。例如,"用Oracle数据库保存数据",其实用DB2也可以满足同样的功能需求和质量需求,但必须要用Oracle,因为客户已经采购了许多Oracle数据库软件,如果不用,成本就会增加。

设计约束是需求的一种,也一样要从涉众的视角来描述。在很多需求规约中,不少来自开发人员视角的设计伪装成设计约束,混进了需求的队伍。例如前些年相当时髦的说法"系统应采用三层架构方式搭建",涉众并不了解"三层"好在哪里,为什么不是四层、五层?或者一层、二层?删掉它,然后问"为什么",背后的真正需求可能还是性能需求。

还有这样的假"设计约束":

> 录单界面应分为3个页面,每个页面填写完毕,单击"下一步",出现下一页面

这也是来自开发人员视角的设计，不是需求。同样问：为什么要分三个页面？回答是"一个页面放太多信息，加载太慢，涉众等待太久"，真正的需求可能是以下性能需求：

系统应在3秒内显示录单界面

需求是问题，设计是解决方案，二者稳定性不同。就拿上面的"分3个页面"为例，过去网速慢，为了快点显示，"3个页面"的解决方案是合适的，现在网速快了，单个页面更好，这样可以减少操作的次数，但"3秒内显示"的需求没有变，它只和涉众的耐心有关。

本书不提供练习题答案，请扫码或访问http://www.umlchina.com/book/quiz6_1.htm完成在线测试，做到全对，自然就知道答案了。

1. 关于用例规约，以下说法正确的是_____。

A）针对同一个用例，应该为研发团队不同角色准备不同视角的用例规约

B）写了用例规约就可以不用另外写需求规约

C）用例规约一般由该用例排位最靠前的涉众来写

D）用例规约的表达方式必须是文本

2. 以医生门诊为例，请把左侧涉众和右侧的大白话"涉众利益"对应_____。

1 医生　　　　　　a 看着你的背影，恨不得在你屁股上踹一脚

2 当前就诊患者　　b 从家里跑过来排队大半天容易吗，不好好问清楚怎么行

3 下一个患者　　　c 这人真讨厌，一点小毛病在这里啰嗦半天，看来今天上午也看不了几个了

A）1-a，2-b，3-c B）1-a，2-c，3-b
C）1-b，2-a，3-c D）1-b，2-c，3-a
E）1-c，2-a，3-b F）1-c，2-b，3-a

3. 以下像某个用例的前置条件的是_____。

A）系统运行正常，网络连通正常

B）存在待审批的报销单

C）经理已经打电话通知工作人员执行活动计划

D）系统记录活动计划信息

4. 关于路径步骤，以下说法正确的是_____。

A）有的用例可以没有扩展路径

B）1个回合内的步骤不一定包含4种类型，有时不需要请求，有时不需要验证

C）1个回合最好由4个步骤组成

D）用例的基本路径最好控制在3个回合之内

5. 以下是售票系统的"售票员→售票"用例的交互步骤中，其中不合适的是_____（多选）。

1. 售票员询问旅客出发日期、车次和终到站
2. 顾客回答出发日期、车次和终到站
3. 售票员提交购票信息
4. 系统验证购票信息合法
5. 系统反馈符合要求的余票信息
6. 售票员重复购票信息，请求旅客确认
……

A）1 B）2 C）3
D）4 E）5 F）6

6. 针对某游戏的某个用例的步骤，以下写法合适的是_____。

A）系统自动计算最佳攻击组合

B）玩家进入人机对战界面

C）系统从剩余武将中随机挑选一位武将

D）玩家保存进度

7. 以下用例规约主要违反了书写用例规约的什么要点？

1. 市民向前台系统请求即时查询话费

2. 前台系统向后台系统发送查询请求

3. 后台系统查询话单，解析话单，计算话费

4. 后台系统传递话费结果给前台系统

5. 前台系统反馈话费清单

……

A）遵照请求、验证、改变、回应四部曲

B）使用主动语句理清责任

C）主语只能是主执行者或系统

D）使用核心域概念

8. 什么情况下"类""组件""UML""泛化""关联"等词汇出现在用例规约里是合适的？（多选）

A）做电商系统的分析和设计的时候

B）研究的系统是UML建模工具的时候

C）电商系统的前排涉众明确指定设计约束的时候

D）用UML为电商系统建模的时候

9. 针对以下步骤来寻找扩展路径和补充约束，正确的说法是_____。

基本路径：

1. 医生选择需要分析的患者

2. 系统反馈患者原始数据

3. 医生请求做脊波分析

4. 系统判断患者原始数据适合由系统来做脊波分析

5. 系统对患者原始数据做脊波分析

6. 系统反馈分析结果

A）步骤2应该有业务规则

B）步骤3应该有性能需求

C）步骤5应该有扩展

D）步骤6应该有字段列表

6.2 【案例和工具操作】系统用例规约

结合愿景，我们可以推测"助理→创建公开课"这个用例优先级应该最高。它的用例规约如下：

用例编号： UC1

用例名：

创建公开课

执行者：

助理（主）、官网服务器（辅）、微信公众号系统（辅）

前置条件：

无

后置条件：

已请求官网服务器接收公开课网页文件

已请求微信公众号系统发布公开课消息

公开课信息以及发布情况已保存

涉众利益：

专家——担心公开课通知中涉及自己的信息不准确，损害自己的声誉

学员——担心收到太多和自己不相关的信息；担心同样的信息收到多次

助理——担心工作量大；担心网页文件放到服务器错误的位置；担心公众号当日发送指标已经用完

官网服务器管理员——担心自己维护的系统受影响发生故障

微信公众号系统管理员——担心自己维护的系统受影响发生故障

基本路径：

1. 助理请求开始创建公开课
2. 系统反馈可以开课的课程主题
3. 助理选择课程
4. 系统反馈课程详细信息并要求补充其他公开课信息

5. 助理提交公开课信息

6. 系统验证公开课信息充分、合法

7. 系统保存公开课信息，生成并保存公开课网页

8. 系统请求官网服务器接收文件

9. 系统请求微信公众号系统发布消息

10. 系统保存公开课发布情况

11. 系统反馈公开课发布情况

扩展路径：

2a. 没有可以开课的课程：

  2a1.【创建课程】

  2a2. 返回4

6a. 公开课信息不充分或不合法：

  6a1. 系统反馈公开课信息不充分或不合法内容

  6a2. 返回5

8a. 官网服务器无响应：

8a1. 系统记录官网服务器无响应

8a2. 返回10

9a. 微信公众号系统无响应：

  9a1. 系统记录微信公众号系统无响应

9a2. 返回10

字段列表：

4. 课程详细信息=课程主题+学员对象+专家介绍+课程大纲+费用+{报名联系方法}+{交费方法}

5. 提交公开课信息=4+开始时间+结束日期+城市

7. 保存的公开课信息=5+期号+创建时间+创建人

8. 网页信息同5

10. 公开课发布情况=发布时间+网页文件位置+官网发布是否成功+微

信公众号系统发布是否成功

业务规则：

6. 充分规则：5中所有信息都需要；

6. 合法规则：结束日期必须在开始日期之后；尚不存在课程相同且举办日期和输入日期重叠的公开课；各项信息内容无敏感词；

7. 期号规则：该课程最近成功举办的那一期的期号+1

质量需求：

无

设计约束：

无

如果使用Word等文档编辑工具来书写用例规约，工具操作的内容就没什么可谈的了。以下介绍的是如何在EA中编写用例规约。您的模型必须基于本书第一章提到的myproject.eap建立，否则以下步骤可能无效。以下内容只是表明，如果您想使用EA来编写用例规约，可以这样做。不代表我强烈建议这样做。

【步骤1】双击系统用例图中的用例"创建公开课"，在弹出属性框General页签的Note框输入以下涉众利益内容。输入完毕后，单击Apply（见图6-26）。

专家——担心公开课通知中涉及自己的信息不准确，损害自己的声誉

学员——担心收到太多和自己不相关的信息；担心同样的信息收到多次

助理——担心工作量大；担心网页文件放到服务器错误的位置；担心公众号当日发送指标已经用完

官网服务器管理员——担心自己维护的系统受影响发生故障

微信公众号系统管理员——担心自己维护的系统受影响发生故障

图6-26 输入涉众利益

【**步骤2**】选择Scenarios页签,在确认Type栏为Basic Path的前提下,把Scenarios栏改为基本路径。在下面的Structured Specification页签,单击第1行,输入"助理请求开始创建公开课"。双击每一行左侧的 👤 或 🖥 可以标记为执行者步骤或系统步骤。把第1行设为 👤 ,如图6-27所示。

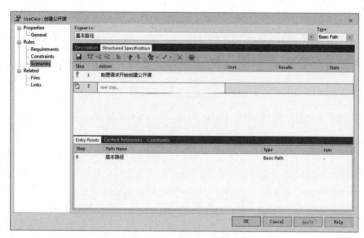

图6-27 输入场景步骤

【**步骤3**】继续输入以下步骤,输入完毕后单击 🖫 图标保存场景(见图6-28)。

行号	内容	图标
2	系统反馈可以开课的课程主题	🖥
3	助理选择课程	👤
4	系统反馈课程详细信息并要求补充其他公开课信息	🖥

（续表）

行号	内容	图标
5	助理提交公开课信息	
6	系统验证公开课信息充分、合法	
7	系统保存公开课信息，生成并保存公开课网页	
8	系统请求官网服务器接收文件	
9	系统请求微信公众号系统发布消息	
10	系统保存公开课发布情况	
11	系统反馈公开课发布情况	

图6-28　输入基本路径的步骤

*可以从现有文本创建场景步骤。先复制文本到剪贴板，右击场景编辑器的步骤Action单元格，从快捷菜单选择Create Structure from Clipboard Text | New Line Delimited（见图6-29）。

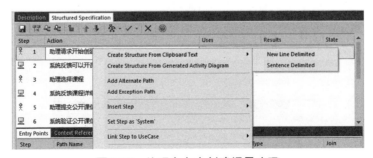

图6-29　从现有文本创建场景步骤

【步骤4】选择Step2，单击工具栏上的 ![icon](Add Exception Path)图标，在弹出属性框的Name栏输入"没有可以开课的课程"，单击OK（见图6-30）。

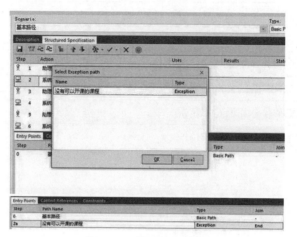

图6-30　添加扩展路径

【步骤5】单击2a路径最右侧Join列中的End，在下拉列表选择4（见图6-31）。

图6-31　设置扩展路径的返回位置

【步骤6】双击2a路径，输入如图6-32所示的步骤。

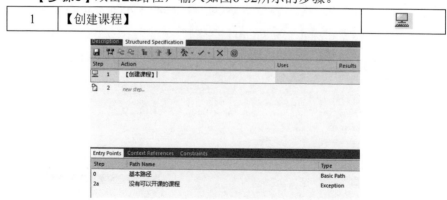

图6-32　添加扩展路径的步骤

【步骤7】同上操作,添加6a扩展路径(见图6-33)。

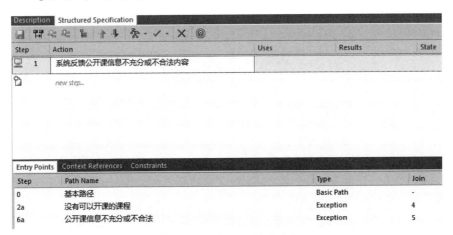

图6-33 继续添加扩展路径

【步骤8】单击Requirements页签,在Requirement栏输入。如下内容:

> 4. 课程详细信息=课程主题+学员对象+专家介绍+课程大纲+费用+{报名联系方法}+{交费方法}

Type栏选择字段列表,单击Save(见图6-34)。

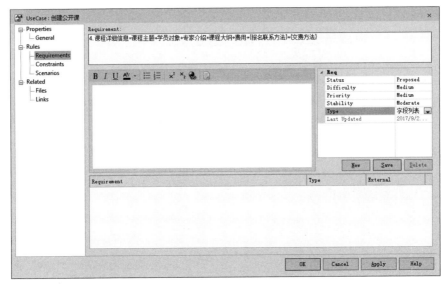

图6-34 输入补充约束

【步骤9】同上操作，逐条输入以下补充约束并保存（见图6-35）。

Requirement	Type
5. 提交公开课信息=4+开始时间+结束日期+城市	字段列表
7. 保存的公开课信息=5+期号+创建时间+创建人	字段列表
8. 网页信息同5	字段列表
10. 公开课发布情况=发布时间+网页文件位置+官网发布是否成功+微信公众号系统发布是否成功	字段列表
6. 充分规则：5中所有信息都需要	业务规则
6. 合法规则：结束日期必须在开始日期之后；尚不存在课程相同且举办日期和输入日期重叠的公开课；各项信息内容无敏感词	业务规则
7. 期号规则：该课程最近成功举办的那一期的期号+1	业务规则

图6-35 继续输入补充约束

【步骤10】（可选）选择Scenarios页签，单击工具栏上的 图标，在下拉列表选择Activity（见图6-36）。

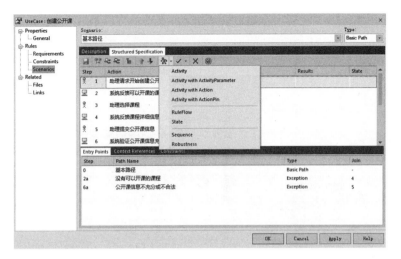

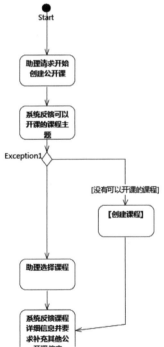

图6-36 从用例场景生成活动图

【**步骤11**】右击Project Browser中的**系统用例**包,从快捷菜单选择Documentation | Generate Documentation。在Generate Documentation对话框的Template栏选择**用例文档模板**,在Output to File栏设置目标文

件位置，Output Format选择Microsoft Document Format（.DOCX）。单击Generate，等到状态栏出现Document successfully created文字，单击Close。在Windows资源管理器里浏览目标文件夹，可以看到新生成的docx文档（见图6-37）。

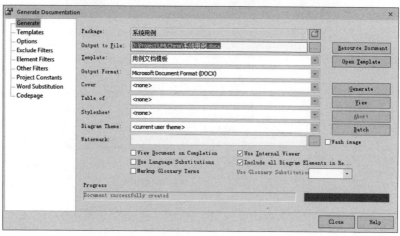

图6-37　利用模板生成docx文档

以下步骤以制作用例规约模板为例讲解如何自己制作EA的文档模板。只要模板合适，EA模型里的各种元素都可以以想要的排版和格式出现在文档中。

【步骤1】在EA主界面上选择Publish | Documentation | Document Templates，在Template表单界面左上角单击 ，在弹出的New Document Template框的New Template栏输入"我自己的模板"。单击OK，出现定制模板的界面（见图6-38）。

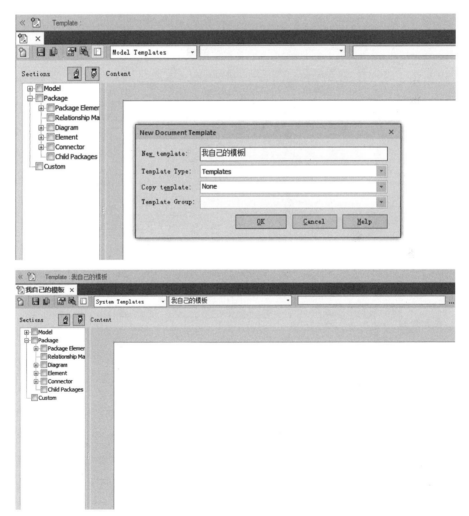

图6-38　创建报表模板的初始界面

【步骤2】在模板第一行输入"用例规约",选中"用例规约"文字,右击上方工具栏灰色空白处,从快捷菜单选择Font | Fonts,将字体设为14号微软雅黑。再右击上方工具栏灰色空白处,从快捷菜单选择Paragraph | Center(见图6-39)。

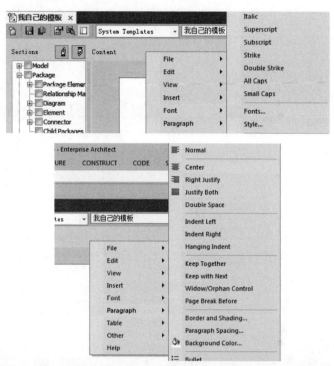

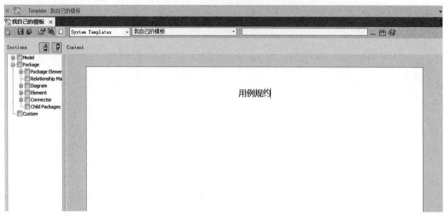

图6-39　改变字体和格式

【步骤3】换行，将Paragraph改为Normal。在左侧Sections列表中选中Package（见图6-40）。

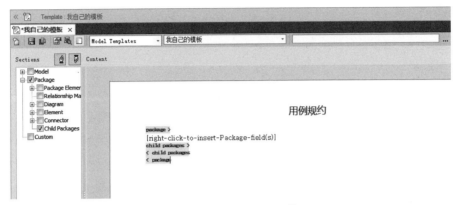

图6-40 添加Package节

【步骤4】把光标放在[right-click-to-insert-Package-field(s)]一行，回车，在左侧Sections列表中选中Package | Diagram（见图6-41）。

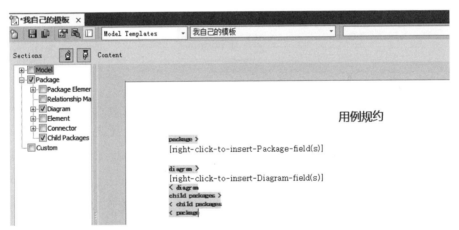

图6-41 添加Diagram节

【步骤5】把光标放在diagram>下面的一行，把[right-click-to-insert-Package-field(s)]删掉，输入用例图：{Diagram.Name}，字体微软雅黑，11号。右击该行，从快捷菜单选择Insert Field | Name，这个操作是插入用例图的名称（见图6-42）。

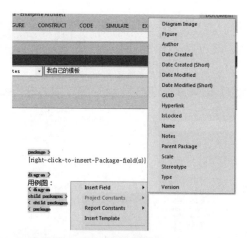

图6-42 插入字段Diagram.Name

【步骤6】回车,将格式改为居中,右击,从快捷菜单选择Insert Field|Diagram Image,这个操作是插入用例图(见图6-43)。

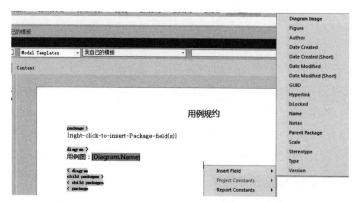

图6-43 插入字段Diagram.DiagramImg(1)

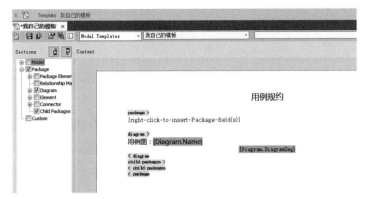

图6-43 插入字段Diagram.DiagramImg（2）

【步骤7】光标移到< diagram右侧，回车。在左侧Sections列表中选中Package | Element（见图6-44）。

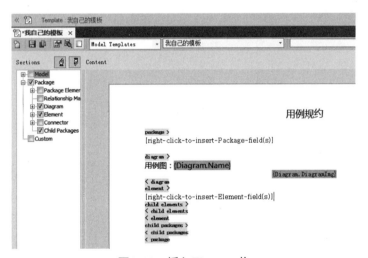

图6-44 插入Element节

【步骤8】在Element段落右击，通过快捷菜单插入以下文字和字段，并调整字体为微软雅黑，11号（见图6-45）。

用例：	<Element.Name>
用例编号：	{Element.Alias}
状态：	<Element.Status>
版本：	<Element.Version>

作者： <Element.Author>

创建日期：<Element.DateCreatedShort>

修改日期：<Element.DateModifiedShort>

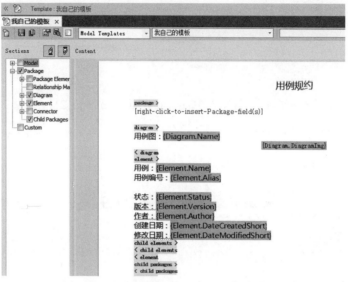

图6-45　插入Element的各个字段

【**步骤9**】继续添加以下文字和字段：

constraint-pre >

前置条件：

<ElemConstraintPre.Name>

< constraint-pre

constraint-post >

后置条件：

{ElemConstraintPost.Name}

< constraint-post

涉众利益：

<Element.Notes>

scenario >

路径步骤:

<ElemScenario.Type>

structured scenarios >

{Scenario_Structured.Step}. {Scenario_Structured.Name}

exception >

　. {Exception.Name}

< exception

< structured scenarios

exception >

{Exception.Type}:

{Exception.Step} {Exception.Name}

< exception

< scenario

requirement >

{ElemRequirement.Type}

{ElemRequirement.Name}

< requirement

< element

child packages >

< child packages

< package

我不知道应该说些什么，哦……爱你在心口难开。

《爱你在心口难开》；词：佚名，曲：Sonny Curtis、Jerry Allison，唱：凤飞飞；1981

第7章　需求启发

第2章到第6章的内容都是关于如何思考和建模得到需求模型，但需求模型的质量依赖于需求的素材。从涉众处获取需求素材的工作叫做需求启发。

需求启发和需求建模互相影响。需求启发得到的素材质量越高，得到高质量需求模型的可能性就越大；需求建模能力越强，越能指导需求启发工作，从涉众处得到高质量的素材。拿做菜类比，如果采购的食材质量很差，技艺再高超的厨师也烹调不出美味的菜肴；不过，厨师技艺越高超，对食材的要求就会越严格，越能推动买菜的人去采购更好的食材。

7.1 需求启发要点

许多时候，需求人员把需求启发想得太容易。经常可以听到"采集需求"这样的表述，好像需求是蘑菇，乖乖地躺在森林里，开发人员需要时，就像采蘑菇的小姑娘一样，一个，两个，三个，四个……把它们都采回来。哪有这么容易！需求不是蘑菇。需求人员要能够像猎人一样，用锐利的眼睛发现隐藏在丛林中的猎物；像侦探一样，用缜密的思维判断出伪装成好人的凶手。

需求的一个启发障碍是知识的诅咒（Curse of Knowledge），意思是：一旦知道某个东西，就很难想像不知道它会是什么样子。1990年，斯坦福大学研究生Elizabeth Newton做了一个著名的心理学实验：让敲击者在桌子上敲击最常见的歌曲，听众根据听到的节奏回答是什么歌曲，然后让敲击者估计听众答对了多少。120次的实验中，敲击者预测听众猜对的比率会大于50%，真实的结果是听众猜对的比率只有2.5%。因为听众听的是敲出来的声音，敲击者听的是大脑里已有的歌曲。

知识的诅咒在需求启发中体现为沟通的困难。需求人员懂得许多软件实现的知识，这些知识会有意无意地引导开发人员从实现的角度看需求；涉众在领域里面工作多年，许多事情在他看来一目了然，很难用开发人员能理解的言语表达出来。

需求启发的另一个障碍是做和定义的不同。涉众会做一件事情，不代表他能够把这件事定义出来教给其他人。在足球领域，贝利和马拉多纳号称球王，但他们的执教经历并不成功，最近十年的世界最佳主教练穆里尼奥踢球水平却很一般。

理解以下两个要点，有助于克服需求启发中的障碍。

（1）和涉众交流的形式应该采用视图，而不是模型

经常有人问：客户看不懂UML怎么办？这个问题本身就存在问题。提问者潜意识里可能认为"客户"是一个人。所谓"客户"其实是一大堆"涉众"，他们从事的工种不同，学历职位有高有低，年龄有大有小，健康有好有坏，关注的利益更是各自不同，怎么能寄望用一种介质和所有的涉众沟通？

第1章说过UML的优点是提高沟通的效率，还拿五线谱做了类比。五线谱是音乐专业人士交流的工具，作曲要懂、编曲要懂、乐手要懂、指挥要懂、歌手要懂（注意：是懂五线谱，不是人人都要用五线谱作曲），但听音乐的不需要懂五线谱。同样地，UML只是在"软件开发人员"圈子里面的统一表示法，基于UML的沟通主要是发生在开发团队内部，不能强行拿着UML模型和涉众沟通。

那么，和涉众交流的介质是什么呢？不是需求模型本身，而是需求模型的各种视图。面对大领导，我们可以给他放幻灯片交流愿景；中层干部喜欢看文档，我们可以按照他喜欢的格式给他炮制文档；一线操作工只关心他那一小块工作，我们可以制作界面原型和他交流；有时候甚至有的涉众根本不喜欢看任何东西，我们还可以通过"谈话"这种视图和他交流。涉众连谈话都不乐意，我们也可以通过观察来获取素材。需求启发的技能有许多种，不仅仅是浅薄的"画个界面草图给用户看"，"问用户想要什么功能"。许多伟大的创新正是有心人在涉众不作声的情况下，观察涉众的行为得到的。

如果不了解这个区分，直接拿UML模型去和涉众交流，很容易导致"四不像"。为了迁就不同涉众的知识水平，开发团队只好损害模型的严谨性，即使是这样，涉众也不一定接受，交流效果还是不好，而且还会因为涉众的交流形式多变而影响开发团队开发过程的稳定——双方都受害。客户的领导说，我不习惯看UML模型，就知道以前看的是××标准格式的文档，我只在这个格式的文档上签字，难道我们就不用UML建模了？下一个项目的客户领导喜欢另一种格式怎么办？下下个项目根本不需要签字怎么办？大众产品没有"客户领导"签字确认需求怎么办？不少开发团队十年如一日没有进步和积累，"交流影响开发"是原因之一。

开发人员有意无意把建模的目的理解成和涉众交流，有时背后的思想还是"懒"字，因为这样想，就有了推卸责任的机会：不是我不想建模，就算我建模了，客户不想看啊。

需求视图和需求模型分离，交流和建模分离。在面对不同涉众时，需求人员可以灵活使用各种启发方式，见人说人话，见鬼说鬼话；回到开发团队内部时，则改用专业手段交流，这样团队才能慢慢形成稳定、严谨的开发过程（见图7-1）。

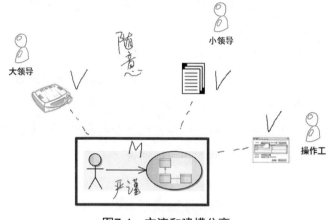

图7-1　交流和建模分离

（2）和涉众交流的内容应该聚焦涉众利益，而不是需求

软件的需求规约相当于电影剧本。电影剧本不是由观众直接提供，而是由编剧根据不同观众的口味编出来的。同样，软件需求不是由涉众直接提供的，而是由需求人员综合不同涉众的利益来决定的。涉众没有资格，也没有责任提供需求。

首先，涉众没有资格提供需求。系统的需求是平衡各种涉众利益得到的，不由单一涉众决定。以ATM机为例，如果需求人员询问ATM机的执行者储户"取款机应该怎么做你觉得最好"，储户回答大实话"最好像我家抽屉一样拉开就拿，喏，把我家里的抽屉拿去做原型"，需求人员显然不能把这个"抽屉"当真，只需要把"抽屉"背后的涉众利益提炼出来——储户希望操作次数尽可能少一些。最终系统的需求是否尊重这个利益，就要看储户在涉众排行榜上的排位了。

其次，涉众没有责任提供需求。涉众可能很忙，可能没有能力。说得极端一点，婴儿只会哭会笑，婴儿产品的需求就不用做了？需求人员还是要把责任揽过来，涉众只需表达高兴不高兴就行了。

不了解"交流的内容聚焦于涉众利益"，需求人员很容易把涉众提出的解决方案当成需求，或者抱怨涉众没有"说清楚需求"。

拿患者和医生类比可以帮助理解上面说的这两点。患者喜欢和医生交流自己的磁共振成像，医生就给他多做磁共振检查？患者懒得看甚至昏迷不醒，医生就干脆不做？患者说"我腿疼，可能得了腿癌，我要做放疗"，医生就给他做放疗？

显然不是这样，医生应该按照成熟的治疗套路，该做什么检查就做什么检查，该如何治疗就如何治疗。医生哄不肯吃药的小患者"来，叔叔给你吃颗糖糖"，但回到办公室和护士却要说"我刚给某某患者用了多少量的某某药，你记一下"。

7.2 需求启发手段

7.2.1 研究资料

研究资料往往是需求启发的第一步，目的是为了获取核心域的初步知识，为下一步的启发工作做知识准备。

研究资料的工作容易被开发团队忽视。很多时候，需求人员匆匆忙忙去找涉众调研，由于没有知识准备，问的问题很肤浅，也观察不到有价值的信息。时间花了，效果并不好。需求人员到客户那里去半个月，也许得到的信息还不如客户的竞争对手去半天，因为客户的竞争对手有充足的知识准备，知道该看什么，该问什么。

就像学生做作业一样，接近于零分的作业对老师来说没有批改和纠错的价值，还不如打回去让学生好好复习，重新做了交上来。需求人员要是问了接近零分的问题，涉众这个"老师"也是一样的感受。

对于目标组织是正式机构的情况更是如此。现在软件行业不再像过去的年代一样是香饽饽,优秀人才越来越往"甲方"聚集。各种行业组织不再像过去一样,对信息化一知半解,而是要求信息系统确实能给自己的组织带来价值。如果需求人员没有做好知识准备就和客户打交道,很可能会损害公司的声誉,让涉众认为"××公司水平不过如此,这口饭是我赏你的",以后生意就不好做了。

研究的资料可以是涉众的工作手册、行业手册,工作中的表格、文件、便函、工作报告、作业日志、来往Email,以及当前运行系统及其文档等。在网络越来越发达的今天,在网上查找资料也是知识准备的高效手段。

研究资料的时候要注意尽可能研究实际使用中的资料,尽量不要是空白的。很多时候涉众在表格和文档里填的东西,和表格文档各项标题所标示的名称不一样。

资料往往会比较多,有价值内容的相对比例较少,如果碰到有价值的信息,随时做笔记,或者把该页面拍下来。在研究资料时,可以一边阅读,一边通过一些建模手段整理知识,例如画领域类图和业务序列图。

7.2.2 问卷调查

问卷调查的目的是给人群分类,挑出样本。例如,开发团队的初步想法是做一个面向中学教师的辅助教学产品,但是中学教师人群内的个体非常多,需求人员一开始甚至不知道应该从哪些角度来划分人群。随意挑选身边能接触到的中学教师来作为需求启发对象是不行的。这时可以做一些问卷调查,根据问卷调查的结果来给人群分出子集,然后再从各子集中选取样本,以便做下一步的启发工作。

问卷调查可以是纸面的,也可以是电子的。现在借助互联网的优势可以比以往得到范围更广、人数更多的调查对象,缺点是容易鱼目混珠。应对手段是埋藏一些很难犯错误的钉子,如果被调查者敷衍回答,很可能就会答错,从而可以判断这份答卷是无效的。

7.2.3 访谈

访谈是最重要也最常用的需求启发技术。需求人员和涉众直接交流以收集信息。访谈并非一定要见面，电话、微信、QQ、Email等也可以作为访谈的手段。下面分几个方面来谈。

7.2.3.1 涉众

访谈时，选择的涉众代表必须名副其实，不要把"代表"等同于"主管"。例如，要访谈车间的操作工，那就要选真正的操作工，不能用车间主任来做代表。操作工岗位的酸甜苦辣，只有操作工自己最清楚。应该把车间主任看作另外一类涉众单独访谈。实际工作中常见的错误还有把目标机构中挂"信息中心主任"头衔的人作为主要的调研对象，认为他们既懂电脑，又懂业务，其实大谬。

要挑选经验丰富的涉众来观察。经验丰富的"老师傅"在长期的工作经历中归纳出了一套行之有效的经验，系统可以学习他的经验（然后一脚把他踹开），这就是第4章所说的改进点"封装领域逻辑"。所以即使"老师傅"不懂电脑不支持信息化，也要选他作为访谈对象。这里经常犯的错误就是需求人员喜欢选择爱玩电脑和手机的小年轻作为访谈对象，因为他们支持信息化，而且崇拜软件开发人员。

不同类型的涉众，应该尽量单独访谈，如果图省事把有利益冲突的两类涉众集中到一起访谈，受访者言辞之间可能就会有顾忌。

7.2.3.2 需求人员

需求人员的态度要让涉众觉得自己被尊重。

首先是言语上的礼貌。例如，不能表露出"你不懂软件，我才是专家"的意思，"懂得软件"不是涉众必须的素质，涉众只需要清楚自己的利益和关注点。另外，访谈的涉众如果处在一个从业人员平均学历和能力都比软件业低得多的行业，涉众可能在接受访谈时潜意识中有一种自卑感，如果需求人员的态度不礼貌，更容易引起抵触心理。

不可忽略这个事实：系统的出现可能对受访者不利。因为这意味着涉众头脑里的经验可能会因为信息系统的出现不再那么重要，甚至职位还可能会取消。所以在言语中暗示"我们来这里是为了让你下岗"的意思是不适当的。即使是表示"我们来这里是为了帮助您把工作做得更好"也不合适。他的工作做得很好，并不需要我们帮助。应该把自己摆在一个低姿态的位置，"我们来这里是为了帮助您更方便地完成工作"。

其次在行动上要有尊重的表现，访谈的时候身体应前倾，不时点头并发出声音，手上做一些笔记（表明重视），适当的时候作两句总结。这样，涉众的心里会大为受用，更容易向您倾出心中所想。

访谈的时候光听肯定是不行的，要想办法记录。笔记是肯定要做的，但记录的速度肯定比不上说话的速度，另外在访谈过程中还要思考将提问的问题，记笔记的节奏经常被打乱。所以，记笔记的目的主要是记住关键点以帮助思考向涉众提问的问题以及上面提到的——做出尊重涉众的姿态，绝不能因为低头专注记笔记而影响交流。

真正的记录还是要靠录音或录像。录音一般不会对涉众形成压力，不过只记录了声音，无法通过研究涉众的表情来揣摩涉众的真实意思；录像可以记录肢体语言，但在镜头前面，涉众可能会受到影响。

有可能的话，录音或录像应该采取双备份。毕竟访谈一次不容易，保险一点为好。不过，在访谈过程中要把录音录像当作不存在，该倾听倾听，该记笔记记笔记。

访谈记录回来要用上。这句话似乎是废话，其实不然。有的开发团队访谈完毕，长吁一口气，赶紧投入到向往已久的编码事业，访谈记录看也不看，听也不听，全凭脑子里的印象往下做。

7.2.3.3 问题

问题的内容聚焦于业务流程和涉众利益，而非直接的系统需求。例如：

> 这个工作需要哪些材料，哪个人或者部门提供的？
> 这个工作产生什么结果，这些结果谁会关注？
> 这件事情，您最烦的是什么？

> 这件事情要是做得不好，会影响到谁？
> ……

问题的形式和新闻记者提问一样：5W+1H。谁（Who）、什么（What）、什么时候（When）、什么地点（Where）、为什么（Why）、怎么进行（How）。提问的时候尽量采用领域词汇，不要采用涉及软件实现的专业术语。

问问题的时候，可以跟随涉众的阐述，不断问为什么，深入探索背后的真正需求。

为什么你们要填这个表格？→这样经理就可以知道所发生的事情→为什么经理需要知道所发生的事情？→这样她就可以按需要分配资源

7.2.3.4 环境

尽可能在涉众的工作环境里访谈。涉众在自己的工作环境中会想起许多工作中的喜怒哀乐，如果把他请到软件公司或者度假山庄的会议室，环境发生变化，一些本来深有感触的东西，因为不在该环境中，一时之间会想不起来。有人嫌在涉众的工作环境里访谈经常会被打断，但那也是一种真实的工作状态。

有些开发过程力捧"现场客户"的好处，确实，有"现场客户"总比没有要好，但在涉众的种类很多而且利益各异的情况下，一个"现场客户"怎么能代表这么多涉众呢？更不用说有些系统根本不是直接和人打交道的。"现场客户"其实是一种偷懒的做法，它让开发人员心安理得坐在电脑前面编码，有问题不再深入第一线调研，而是推给"现场客户"。

7.2.4 观察

观察就是需求人员跟在涉众旁边观察他的工作，甚至亲身去体验涉众的工作。这是最直接的需求启发技术，也最费时间。

观察可以看作访谈的加强版。访谈的各种要点也适用于观察。

观察的时候，需求人员可以结合第4章中提到的改进模式，重点关心涉众完成一项工作所需时间、操作次数以及出现的错误和混乱。某个点所需时间多，或者操作次数多，或者出现错误多，系统要是能在这个点上有所帮助，必定会给涉众带来强烈的改进感觉。

观察的时候，也要观察环境的特殊性，例如牙科医生手里拿着工具无法腾出手来操作电脑，旅客手里提着行李，车厢里光线阴暗，等等。

最极限的观察手段就是需求人员亲身上阵去体验涉众的工作。这样做会使得涉众感觉被重视，也更信任您能做出好东西。不过，亲身上阵代价较高，而且很多地方没法亲自上阵，当半天收银员还可以，当半天医生就要惹出麻烦了。

观察对于今天的产品研发越来越重要。在市场竞争激烈的体验经济时代，客户的口味提高了，光是有个东西给他用是不行的。对精益求精的产品开发者来说，观察是不得不花代价去做的启发技术。

Jeff Hawkins在研发Palm Pilot时，把一块木头模型整天揣在口袋里，在工作和生活中不停揣摩应该怎么使用掌上电脑，过滤出最有价值的需求，最终Palm Pilot成为第一款获得成功的掌上电脑。而之前，苹果出品的掌上电脑Newton因过于臃肿，导致市场惨败。

7.2.5 研究竞争对手

用关键字"播放"搜索您手机里的应用商店，看看有多少款"播放"相关的应用？过去说提供产品或服务时首要原则是"客户是上帝"，但我们产品的"上帝"同时也会是别人产品的"上帝"，这个时候客户如何才能从这么多家中选择我们的产品？

研究竞争对手是产品开发最关键的需求启发技术。第2章讲述的老大和愿景可以看作是通过研究竞争对手得到的。研究竞争对手，才能知道哪一块是合适进攻的战场，才能知道我们的产品应该提供什么才能打败战场上的敌人——很多很多的敌人。

研究竞争对手不是看对手有什么我们也加什么。有的人看到竞争对手的软件上添加了一个"星座运程"的功能,就想着我们也要加上去。恰好,竞争对手也有同样的想法,结果导致所有公司都试图在自己的产品中加入竞争对手产品的功能,导致无奈的"军备竞赛",最终所有的产品趋同化,只能寄望于靠价格战或烧钱等手段挤垮对手。

Al Ries和Jack Trout在 *Marketing Warfare*(中译本《营销战》)一书中模仿克劳塞维茨的《战争论》描述了顾客大脑里竞争的态势。

防御战:一个领域有一个市场领先者,他负责向下防御,不断更新自己,并带领这个领域的弟兄们向外扩张。作为市场领先者,不能把矛头对准追赶者,应该开疆拓土,代表整个领域说话,向其他领域进攻。

进攻战:领域里有几家追赶者,它们负责进攻领先者。它需要研究领先者的优点,但不是简单模仿,而是在关键的地方反其道而行之——攻击领先者强势背后的弱点。

侧翼战:有的产品在某一方面形成突出的特点,从侧翼攻击占据一小块细分市场。许多创新来自这样的产品。只要一直坚持特色,缩窄自己的攻击面,就一直会有市场。

游击战:产品无进攻他人的竞争力,仅依靠地域割据、熟人关系等苟且生存。这些"游击队"需要尽快使自己的产品具有某一方面的特色,成为专家型产品,在顾客的大脑中占据一个位置。

了解战场的态势和自己产品的位置,才能采取合适的竞争策略。关于这方面的内容,市场营销领域的专家研究得更加深刻,可以阅读他们的著作,我就不在这里班门弄斧了。

7.3 需求人员的素质培养

前面的章节讨论需求的各种技能。最后,我们来讨论一下这些技能的拥有者——需求人员。

我把一名优秀需求人员所需要的素质归纳成一所房屋的样子。房屋以好奇心为根基，有探索力、沟通力、表达力三根柱子，以热情作为屋顶（见图7-2）。

图7-2 需求人员的素质

7.3.1 好奇心

好奇心，首先指对不熟悉的事物提起兴趣的能力。在做项目时，有的开发人员只对项目将要用到的新实现技术感到兴奋，对项目所涉及的领域知识则不感兴趣。为什么调研过程总是流于形式？为什么更喜欢在办公室"编写"需求，而不是深入第一线？为什么更喜欢和客户的信息中心人员打交道，而不是不懂电脑却至关重要的涉众？这就是原因之一。

好奇心，更重要的是从熟悉中发现惊奇的能力。很多时候对具体的业务太熟悉或者存在已有系统，也是捕获需求的一种阻碍。在这种情况下，很容易就想到系统里有哪几张表，怎么调用，反而钳制住了思维。必须要学会抵制各种想要向里探头的诱惑，尽量跳出来看，从熟悉中发现惊奇。这样才能从涉众提供的素材中，超越涉众的目光，探索出在局中人无法察觉的需求。

用外来者的心态来观察，我们司空见惯的日常生活其实充满了各种惊奇：

> 有一种动物很奇怪，每天钻进钻出各种壳子，很多时间都盯着各种发出荧光的扁盒子看，有大盒子，有小盒子。
>
> 一大群人24小时不间断监控各种事情，整理成文章，不停地把你可能

感兴趣的内容推送到你的手机上,而且免费。

只要动几根手指,东北的大米、阿根廷的虾、澳洲的牛肉会乖乖送上门。

为了培养好奇心,平时还可以看一些"短路"的视频或动漫,或者做一些不熟悉的事情。例如,如果您喜欢看《南方周末》,不妨偶尔看看《环球时报》;如果您喜欢看《权力的游戏》,不妨偶尔看看《三生三世十里桃花》。

7.3.2 探索力

探索力包括寻找线索的能力和从线索中归纳问题的能力。需求人员就像侦探一样,需要从涉众提供的各种信息碎片中拼出真正的问题。这种探索力更强调的是"合成",类似于出题,而开发人员擅长的是"分解"——针对问题,采用某种软件技术解题。出题的思路和解题的思路是有区别的。

日常生活中随处可以培养探索力。例如针对消息"NASA的James Webb太空望远镜使用Rose Realtime建模",如果一开始只是知道这么一个事件,并不了解其中细节,可以尝试针对各个环节的信息,通过"反转""取代"等手法来探索:

为什么是NASA,还有没有其他类似单位使用Rose Realtime建模?
为什么是Rose Realtime,NASA有没有考虑过Rhapsody?
James Webb太空望远镜用Rose Realtime,其他项目用什么?

探索力的培养方面,Edward de Bono写的《六项思考帽》《严肃的创造力》等书籍虽然与软件不直接相关,但很有参考价值。

7.3.3 沟通力

沟通力包括需求人员和涉众沟通的能力。例如,操作员说系统要简单易用。但"简单易用"并不能直接成为需求。需求人员要耐心和涉众沟通，了解涉众是以什么标准来度量"简单"和"易用"的。

沟通力还包括需求人员在不同涉众之间协调的能力。涉众往往有很多类，A类涉众的利益和B类涉众的利益可能在一定程度上是冲突的。录入人员希望操作步骤尽量少，但如果因此省略了一些确认和验证的步骤，使用这些录入数据的审批人员、施工人员的利益可能就会受到损害。需求人员需要平衡各方涉众的利益以得出恰当的需求。

沟通力还包括需求人员在涉众与程序员之间协调的能力。例如，操作员要求"一键完成操作"，却难为了程序员。

平时程序员更多擅长的是和机器的交流能力。程序员如果要去充当需求人员的角色，沟通力可能是木桶上最短的板。

要改进沟通力，可以参加一些沟通技巧的训练，或者阅读一些人际交往的相关书籍，例如卡耐基的《人性的弱点》。《人性的弱点》可以说是中国引进的最早的"沟通力"书籍之一，20多年前曾经大热。书中关于倾听和赞赏的道理到今天依然没有过时。

7.3.4 表达力

表达力在这里着重指自然语言的表达和组织的能力。需求最常见的形式是以自然语言的方式表达出来的。开发人员平时更习惯的是编程语言的表达能力，写个注释有时也想偷懒，更不用说自然语言表达的其他工件了。项目主管向涉众介绍项目，用词中经常充斥着"伸缩性"之类的字眼，明明只是一个小小的管理系统，却起名叫"××平台"，似乎大家听不懂才说明高深。

提高自然语言的表达力，可以阅读Barbara Minto的《金字塔原理》。

7.3.5 热情

有好奇心，有探索力，有沟通力，有表达力，也掌握了各种具体的需求技能，不意味着需求人员会尽其所能去向涉众探索需求。没有热情作为屋顶，上面提到的各种"力"都无法贯彻。

1998年，我在北京做我的第一份程序员工作。公司地点在公主坟，所以下班后我经常到翠微大厦一楼的新华书店随便翻书。有一天，我看到了一个新引进的大厚本，Michael Abrash的《图形程序开发人员指南》（原书名：*Michael Abrash's Graphics Programming Black Book*），虽然书中大部分内容和我的工作无关而且我也看不太懂，但作者讲的一个故事深深地打动了我。很多年后，我专门找到了这本书，把当年打动我的、关于"热情"的故事片断用键盘敲下来分享给大家，作为本书上册的结尾。

> 一天晚上，当我正浏览代码时，另一个终端上一个真正可爱的女孩要求我帮助她使一个程序运行。我帮助她以后，渴望进一步了解她，我说："想看什么东西吗？这是'Star Trek'的真正源代码！"并且继续浏览整个代码，描述每个子函数。我们开始交谈，最后我鼓起勇气邀请她出去走走。她同意了，我们过得很愉快，虽然由于她的两个或三个其他男朋友，我们不久就分开了。然而，有趣的事情是当我最后终于鼓起勇气邀请她出去走走时她的反应，她说"到时间了"。当我问她这是什么意思时，她说："整个晚上我一直在努力让你邀请我出去走走，但你花了这么长时间！你并不真正认为我对'Star Trek'程序感兴趣，是吗？"
>
> 确实如此，我是这么想的，因为我对这个程序很感兴趣。从那次经历中我认识到了一件事（并且从那以后，我不断加深这种认识），就是我们（指任何一个因为喜爱而编程的人，如果需要，他将无偿地工作）是一群不同的人。
>
> 我们是不同的，因此也很幸运，当每一个人正担心裁员时，我们正处在世界上最热门的行业。并且，我想，我们处于这样好的一个位置的最大原因不是智力、努力工作或所受的教育，尽管这也是部分原因，原因在于我们真正喜爱这种工作。
>
> ——Michael Abrash，《图形程序开发人员指南》，第68章 "Quake的光照模型"

本书不提供练习题答案，请扫码或访问http://www.umlchina.com/book/quiz7_1.htm完成在线测试，做到全对，自然就知道答案了。

1. 如果涉众要求需求人员拿着用例图、序列图和他交流，对于需求人员来说，以下做法正确的是_____。

    A）拿着用例图、序列图和涉众交流

    B）委婉拒绝，涉众没有资格看UML模型

    C）委婉拒绝，涉众没有责任看UML模型

    D）指导涉众，一起绘制用例图、序列图

2. 如果涉众对需求人员画的UML模型不感兴趣，对于需求人员来说，以下做法正确的是_____。

    A）为该涉众讲解基本的UML知识

    B）放弃该涉众，转向能看得懂UML模型的涉众

    C）通过其他介质及手段和涉众交流

    D）请涉众签字表明不看UML模型后果自负

3. 如果涉众说"数据库模型也是需求，请放在需求规约里面让我确认"，对于需求人员来说，以下做法正确的是_____。

    A）尊重涉众要求，把数据库模型纳入开发团队需求规约模板中

    B）认为这不合理，婉言拒绝

    C）UML建模本质上是类建模，把数据库模型改为类模型

    D）炮制一份涉众想要的"需求规约"让他确认

4. 关于"界面原型"，以下说法正确的是_____。

    A）它是一种需求视图

    B）它是一种表达界面的需求

    C）它属于设计工作流的产物

    D）它是互联网时代新的需求模板

5. 开会商议时，客户的领导很健谈，从国际形势国内形势到系统界面的细节都谈到了，而且说得很清楚"我就要一个像Excel这样的！"开发团队按照该领导说的做了一个东西出来，结果他一看"这什么东东，不是我想要的啊！"针对以上描述，以下说法正确的是_____

　　A）需求人员应该继续问清楚，最好让该领导自己画出来想要的东西什么样子。

　　B）需求人员应该学习知识点"涉众没有资格提供需求"。

　　C）需求人员应该拿出开会时的录音和该领导对质，证明自己没做错。

　　D）需求人员应该先画用例图和该领导交流得到确认再做。

6. 某汽车配件制造厂。产品在成品之前要经过车间每个工位的加工和处理。每个工位针对配件做完自己的工作后，需要把一些工作数据记录下来。厂里想搞一个生产管理系统，当需求人员访谈一些车间操作工时，这些操作工都觉得"搞什么电脑，像现在用手写挺好的"。从需求的角度，我们应该怎么去思考这样的情况？

　　A）没有必要去找操作工调研。

　　B）提炼涉众利益，尽量兼顾。

　　C）教育操作工要接受电脑系统。

　　D）没有得到操作工支持，系统暂缓开发。

书 评

我没见过潘老师，但见字如面，从书里便可看出潘老师对待知识的态度是如何严谨。

很荣幸能够阅读初稿，第二版在原有的基础上，内容更加充实，从方法体系上给从事相关需求分析、业务设计等工作的同事予以指导。在喧闹的互联网世界中宛如一缕清流，让人静下心来，从本质上思考软件需求分析、设计上的一些事情。

该书我仔细研读三遍，每次阅读的感受都不一样，无论你是从事国内互联网开发的工作，还是做对日、欧美的外包工作；不论你是想要做好产品的上游分析设计工作，亦或是作为产品经理、软件分析师避免自己提出一些拍脑袋出来的需求，强烈推荐阅读该书，或许你能从中找到答案。

李洪洲

大连华信

我2000年左右开始积累软件工程、UML、软件建模方面的知识和技能，主要用Rational Rose（以及后来的RSA）和RUP、PowerDesinger等设计系统模型。

虽然有一定经验，但明显感觉缺乏系统性和目的性，能力提升很难。主要症状是：

（1）缺乏依据（如这样可以，那样也可以，而不是"最"）；

（2）不同层级、不同领域的概念混在一起，搞得越来越复杂，深度思考进行不下去。

转机是看了很多遍的《软件方法》，继而参加了潘老师的课程。

感谢老师，把多年的思考、探索、理解通过大白话和可以实践的工作流真诚地传授给我们，带领我们走出了软件建模的混沌状态，把软件建模变得清晰、精准。

《软件方法》你值得拥有！一起站到高处欣赏和谈笑建模之美吧！

钱辰宇

zhimap

作为一名高校老师，我十多年一直在上软件工程课，软件开发中建模的国际化、标准化应该是行业的发展方向。但从已毕业工作的同学反馈来看，业内公司UML的应用还很少，也不规范。

潘老师敬业精神可嘉，在IT界只做UML标准建模推广一件事，而且坚持不懈，他的新版书结合了UML最新标准和最新工具及行之有效的建模开发过程，可以帮助软件开发人员从丰富案例中学习标准的建模做法，也更有利于整个软件行业的建模规范化。

我们将继续使用书的新版本，并推荐其他高校使用，让高校学生也能学到理论和实用并重的软件开发方法。

邹盛荣

扬州大学

我从事软件开发工作已十年有余，经历了传统行业到互联网行业，涉及业务软件、嵌入式及电商等系统开发。历来所见，大部分开发都是直赴代码，还总是借口说不可能分析完美，不如先做了再看客户反馈。往往到最后发现各种假的需求变更，程序问题重重，甚至需要推翻重做，维护成本极高，项目失败。

我本身喜欢研究事物背后的原理，喜欢改进流程，自己也尝试去研究开发背后的道理，也看过不少软件工程方法。但有的过于理论，难于实践或实践效果不佳，有的就是叫你直接编码。直到某次看到潘老师的一些PPT，让我看到了曙光，再后来有幸拜读《软件方法》这本书，让我真正系统地掌握了这套方法，该方法教导我们将不同领域的知识分开且深入思考。经历数个项目的实践，需求精准度、系统结构稳定性、代码质量都得到了显著提高，同时也带来了团队开发效率及项目成功率的大幅度提升。特此推荐阅读本书，并用于团队改进。

涂文军
成都采呗

软件开发在中国有近30年的历史，但相比建筑、机械等传统行业，软件开发仍然是一个很不成熟的领域。在传统的建筑行业，有城市设计、建筑设计、施工设计、施工、监理等环节，这些环节环环相扣，密切协作。由于每个环节有标准化的工作流程和设计蓝图，工程上严格按图施工，监理全程把控，工作进度、质量和效率相对可控。软件开发是一个专业性很强的工作，与传统的建筑工程类似，也包括多个工作环节，有产品、需求、分析、设计、开发、测试、运维等，这些环节需要不同的知识和技能，多个环节环环相扣，需要密切配合和协作。

软件工程历史并不短，业界也有相对成熟的流程、工具和方法，但是在国内实践中应用并不如人意，造成软件开发质量低下、效率低、成本高，而且结果不可控，这是当前国内软件开发行业的现状。产生这个结果的原因有很多，从大的方面来说，我们国家工业化过程较晚，工程化经验不足，并且从思想上也不重视；从小的方面来说，软件研发工程化相对传统行业更复杂，门槛更高。关于软件工程化开发，国外也有不少专著，包括分析、设计、建模等方面，我也读过一些，但是一直苦于不能把整个过程采用统一的过程、方法、工具和语言进行全流程贯通。

潘加宇老师的《软件方法》从软件研发全流程讲述分析、设计建模方法，书中案例具体、生动，采用标准UML 2.0建模语言，实战性强，文笔流畅，通俗易懂，本人受益匪浅，是不可多得的软件工程著作。如果你从事软件相关的产品、需求、设计、开发等工作，并且想整体提高软件研发工程化水平、提高软件质量和效率、降低开发成本，强烈建议阅读该书！

刘学斌
用友

我陆陆续续研读过很多关于需求、建模、面向对象设计的书籍，耗费了很多的时间，也没能把这些知识串联起来，形成一套自己的工作方法，甚是苦恼。几年前偶然参加了一次潘老师的培训课，有种豁然开朗的感觉。潘老师把这些技能用严谨的名词定义区分开来，彼此之间又是一个有机的整体，配合详细的制作工具使用介绍，构成了一个从需求、建模到设计的完整工作流程。《软件方法》详细介绍了这个工作流程，很值得一读。

成文华
东方物探

我在企业里一直从事着信息系统开发及运维相关工作，并且是一个不折不扣的"多面手"。所谓"多面手"，即从需求到编码，再到测试、运维，样样都逃不过。这样的工作状态从入职开始就一直维持着，表面上看什么都懂一点，其实什么都做不精，说是用一年的工作经验工作了三年多时间一点也不夸张，这既不利于个人成长，也不利于整个信息化建设，随着公司业务规模的迅速增长以及自身团队的逐渐壮大，"专业的人干专业的事情"变得重要且紧迫。

一次难得的机会，我参加了UMLChina深圳公开课，潘老师生动精彩的授课过程以及专业严谨的治学态度给我留下了深刻的印象。课程主要就是基于《软件方法》一书进行讲解，该书内容丰富、脉络清晰、案例生动，尤其是所提到的一些方法及概念术语，更是刷新了我对于软件开发的诸多认识，比如需求和设计的区别、价值的思考、涉众利益、核心域分析等。我读此书也已不下七八遍，目的就在于不断强化自己的认识，逼迫自己在工作中认真思考，使之成为一种习惯。时至今日，我的工作职责基本已转向需求和分析工作，专业能力及工作信心也在不断提升。

最后，感谢UMLChina以及潘加宇老师十年如一日的磨炼，才让我们这些受众能够得此精髓。在今后的工作当中，我很乐意继续成为此书的一名传播者和践行者！

龙志超

高新投集团

我2016年上半年无意中进入了UMLChina网站，深深地被《软件方法》这本书吸引，差不多花了一年多的时间深入学习和实战落地。

在工作过程中，我一直在思考如何使用UML进行标准化的团队统一建模协作，形成体系化的设计流程，统一团队设计规范，规范设计文档。

潘老师的体系方法给我们团队提供了很大的帮助，我们采用业务建模、需求、分析、设计四个流程来进行系统的设计。

（1）在业务建模阶段，厘清愿景和业务流程，通过业务流程序列图映射系统用例，编写系统用例文档。

（2）通过用例文档提炼领域类图以及状态机，宏观描述事务之间的关系，对每一个系统用例设计分析序列图，详细描述系统提供的功能内部是如何实现的，与其他系统如何交互。

（3）最后画组件图、部署图、ER图，制定系统接口契约文档。

（4）提前制定好规范模板，系统用例文档、分析序列图、系统接口契约制定等任务能很好地分解到团队成员，达到非常好的协作设计效果。

在携程金服外汇兑换和电子旅支项目的开发过程中按图施工，由于在需求分析设计过程中提前深度思考好了绝大多数的问题，整个系统实现过程进展非常迅速，大大提高了项目的完成时间和质量。

通过confluence平台用网页的方式来记录文档信息和图纸，并且能够开展多分支、增量式的项目分支，阅读起来体验也非常好。

通过潘老师的这一软件方法体系，高屋建瓴，对系统的设计具有很好的实战指导意义，一直期待潘老师的软件方法下册，加油，潘老师，争取早日出版哦！

任少校
携程金服

潘老师的这本书，每次读都有不同的收获。初次读时是因为当时很迷茫，处于瓶颈期，读完后突然有一种醍醐灌顶、豁然开朗的感觉，一针见血地解答了常常纠结的问题，观点独到，直指精髓。同时，该书也给出了可操作性的持续改进的方法。现在，这本书已经成为我日常工作和学习必不可少的一本参考书。

申小洋
首都信息

欢迎提供《软件方法》评论。我们将尽量放在《软件方法》书中。QQ号1493943028、QQ邮箱1493943028@qq.com，或者加微信好友18758097122。